普通高等院校土木专业“十三五”规划精品教材

# 土木工程 AutoCAD 软件基础教程




本　书　主　审　孙跃东<br>
本　书　主　编　邓　芃<br>
本书副主编　刘　艳　王　扬　丛术平　高秋梅<br>
本书编写委员会　邓　芃　刘　艳　王　扬　丛术平　高秋梅

华中科技大学出版社<br>
中国·武汉

## 内 容 提 要

本书以 AutoCAD2012 软件中文版和土木工程制图为基础，详细介绍了 AutoCAD 软件的操作基础、绘图命令、编辑命令、三维绘图基础、文字、图层、标注以及使用技巧。全书编排考虑了目前土木工程专业课时压缩的要求，仅阐述命令的关键环节，便于控制学时。为培养学生的动手能力和思考习惯，本书提供较多的练习题供学生上机操作。

本书作者为高校老师，多年从事土木工程专业的教学和设计工作，熟悉教学规律和工程的实际需求。本书提供的内容可满足当前土木工程专业 AutoCAD 软件的教学工作需要，也可以满足学生自学的要求。

本可作为普通高等院校土木工程专业计算机制图的基础教程，也可以作为工程设计人员自学的参考书以及各类培训班教材。

**图书在版编目(CIP)数据**

土木工程 AutoCAD 软件基础教程/邓芃主编. —武汉：华中科技大学出版社，2019.6(2023.8 重印)
普通高等院校土木专业“十三五”规划精品教材
ISBN 978-7-5680-5119-4

Ⅰ.①土… Ⅱ.①邓… Ⅲ.①土木工程-建筑制图-AutoCAD 软件-高等学校-教材
Ⅳ.①TU204-39

中国版本图书馆 CIP 数据核字(2019)第 081692 号

**土木工程 AutoCAD 软件基础教程** 邓 芃 主编
Tumu Gongcheng AutoCAD Ruanjian Jichu Jiaocheng

责任编辑：简晓思
封面设计：张 璐
责任校对：李 琴
责任监印：朱 玢
出版发行：华中科技大学出版社(中国·武汉) 电话：(027)81321913
武汉市东湖新技术开发区华工科技园 邮编：430223
录 排：华中科技大学惠友文印中心
印 刷：武汉邮科印务有限公司
开 本：850mm×1060mm 1/16
印 张：13
字 数：215 千字
版 次：2023 年 8 月第 1 版第 4 次印刷
定 价：42.00 元

普通高等院校土木专业“十三五”规划精品教材

# 总　　序

教育可理解为教书与育人。所谓教书，不外乎教给学生科学知识、技术方法和运作技能等，教学生以安身之本。所谓育人，则要教给学生做人道理，提升学生的人文素质和科学精神，教学生以立命之本。我们教育工作者应该从中华民族振兴的历史使命出发，来从事教书与育人工作。作为教育本源之一的教材，必然要承载教书和育人的双重责任，体现二者的高度结合。

中国经济建设持续高速发展，国家对各类建筑人才需求日增，对高校土建类高素质人才培养提出了新的要求，从而对土建类教材建设也提出了新的要求。这套教材正是为了适应当今时代对高层次建设人才培养的需求而编写的。

一部好的教材应该把人文素质和科学精神的培养放在重要位置。教材中不仅要从内容上体现人文素质教育和科学精神教育，而且还要从科学严谨性、法规权威性、工程技术创新性来启发和促进学生科学世界观的形成。简而言之，这套教材有以下特点。

一方面，从指导思想来讲，这套教材注意到“六个面向”，即面向社会需求、面向建筑实践、面向人才市场、面向教学改革、面向学生现状、面向新兴技术。

二方面，教材编写体系有所创新。结合具有土建类学科特色的教学理论、教学方法和教学模式，这套教材进行了许多新的教学方式的探索，如引入案例式教学、研讨式教学等。

三方面，这套教材适应现在教学改革发展的要求，提倡所谓“宽口径、少学时”的人才培养模式。在教学体系、教材编写内容和数量等方面也做了相应改变，而且教学起点也可随着学生水平做相应调整。同时，在这套教材编写中，特别重视人才的能力培养和基本技能培养，适应土建专业特别强调实践性的要求。

我们希望这套教材能有助于培养适应社会发展需要的、素质全面的新型工程建设人才。我们也相信这套教材能达到这个目标，从形式到内容都成为精品，为教师和学生，以及专业人士所喜爱。

中国工程院院士 王思敬

2006 年 6 月于北京

# 前言

计算机辅助设计(computer aided design,简称 CAD)指以计算机和软件为辅助手段,帮助工程师或科研人员完成设计和分析工作。AutoCAD 是美国 AutoDesk 公司推出的通用计算机辅助设计软件,自 1982 年发布以来,经历了多次升级,软件的功能强大,使用也非常方便。目前,该软件已经成为土木工程领域使用最为广泛的计算机辅助设计软件。

AutoDesk 公司几乎每年都对版本有所修改,2012 年软件界面出现显著的改变,这使得初学者在选择软件版本时非常困惑,唯恐学习的是陈旧的知识。但对于土木工程专业的学生而言,在学习环节只要能熟练使用其中的某一个版本,即使在工作中碰到其他版本的 AutoCAD 软件,都可以在短时间内熟练应用。本书所阐述的内容基于 AutoCAD2012,也适用于其他版本的软件。

本书编者长期从事 AutoCAD 的教学以及结构设计工作,了解学生在学习过程中对知识的接受和反馈情况,了解教学中的重点和难点,掌握 AutoCAD 的教学规律,将多年的工程实践经验反馈至教学,对 AutoCAD 软件的学习要点有深刻和独到的见解。

本书的编写突出了以下几个特点。

①结合高等教育高水平应用型人才的培养目标,强调培养学生的实践能力。通过阐述 AutoCAD 基础知识和基本操作要求,结合土木工程专业中的需求进行讲解和举例,并提供充足的练习题。

②结合土木工程专业的实例对命令进行解释,便于学生理解。

③讲解内容便于理解,操作步骤简单明了,便于学生上机操作。

④详细分析了学生在学习中经常提出的问题,并提出了解决办法,便于学生自学时提高效率。

本书适应当前土木工程专业压缩课时的要求,对相关命令解释的内容进一步压缩,通过增多练习的内容,培养学生的动手能力,以及主动思考、独立解决复杂问题的能力。

本书由邓芃编写第 1 章和第 2 章;刘艳编写第 3 章和第 4 章;王扬编写第 5 章和第 6 章;丛术平编写第 7 章;高秋梅编写第 8 章。研究生郭建勋、高兵和魏鼎峰参与了部分工作。山东科技大学孙跃东教授审阅了全书,并提出了很多宝贵的意见。

由于编者的水平和时间有限，本书不足之处在所难免。衷心希望阅读本书的读者和教师提出宝贵意见，使本书不断完善。

编　者

2019 年 3 月

# 目　　录

# 第1章　AutoCAD软件界面设置

**教学要求**

◇　掌握工作空间的概念，能够在经典界面、草图与注释、三维基础、三维建模之间进行转换；

◇　熟悉AutoCAD软件经典界面的内容，能够根据工作要求进行设置；

◇　进行绘图窗口和状态栏的调整。

## 1.1　概述

计算机辅助设计(computer aided design，简称CAD)指以计算机和软件为辅助手段，帮助设计人员进行分析与设计工作。CAD技术是工程技术领域突出的成就，现在已经广泛应用于工程设计的各个领域，对传统的产品设计方法与生产模式产生了深远的影响，提高了社会经济效益，推动了社会的进步。

AutoCAD是由美国Autodesk公司推出的通用计算机辅助设计软件，是众多计算机辅助设计软件中的一个产品。AutoCAD具有强大的数据运算和图形处理能力，在土木工程、建筑设计、城市规划、水利水电、装饰装潢、测量工程、机械设计和航空航天等诸多领域应用广泛。AutoCAD软件的更新速度比较快，功能也比较丰富。本书内容基于AutoCAD 2012版。如果读者使用新版本，其功能和界面虽然与本书有所差别，但基本操作还是相同的，并不影响本书的使用。

## 1.2 AutoCAD 软件界面设置

工作空间也称为工作环境，包括菜单、工具栏、选项板和功能区面板，AutoCAD 软件创建了基于任务的绘图环境，如 AutoCAD 软件为用户提供了草图与注释、三维基础、三维建模界面，用户可以根据自己的工作要求和工作习惯进行切换和调整。不同版本 AutoCAD 软件的界面设置有所差异，用户在熟悉软件的基本操作后，可适应不同版本之间的差异。

### 1.2.1 启动 AutoCAD 软件

启动 AutoCAD 软件常用的方法包括如下 3 种。

①桌面快捷方式：双击桌面 AutoCAD 201 * 的图标。

②通过【开始】→【程序】→Autodesk→AutoCAD 201 * 。

③使用已创建的 AutoCAD 文件启动：双击带有扩展名为“ * * .dwg”的 AutoCAD 图形文件。

### 1.2.2 切换至【AutoCAD 经典】界面

打开 AutoCAD 软件，程序一般进入【草图与注释】工作界面，该界面显示了二维绘图特有的工具，如图 1.1 所示。图 1.1 左上角为【快速访问工具栏】(见图 1.2)，右侧为【工作空间】控件。点击【工作空间】控件，弹出工作空间下拉列表(见图 1.3)，用户可进行工作空间的切换。不同工作空间显示的工作界面有所不同，图 1.4 为传统的【AutoCAD 经典】工作空间界面，也是用户比较熟悉的界面。

对于土木工程专业的初学者，建议使用【AutoCAD 经典】，下文的阐述也是基于 AutoCAD 软件的经典界面。因此，建议用户将工作界面设置为【AutoCAD 经典】。

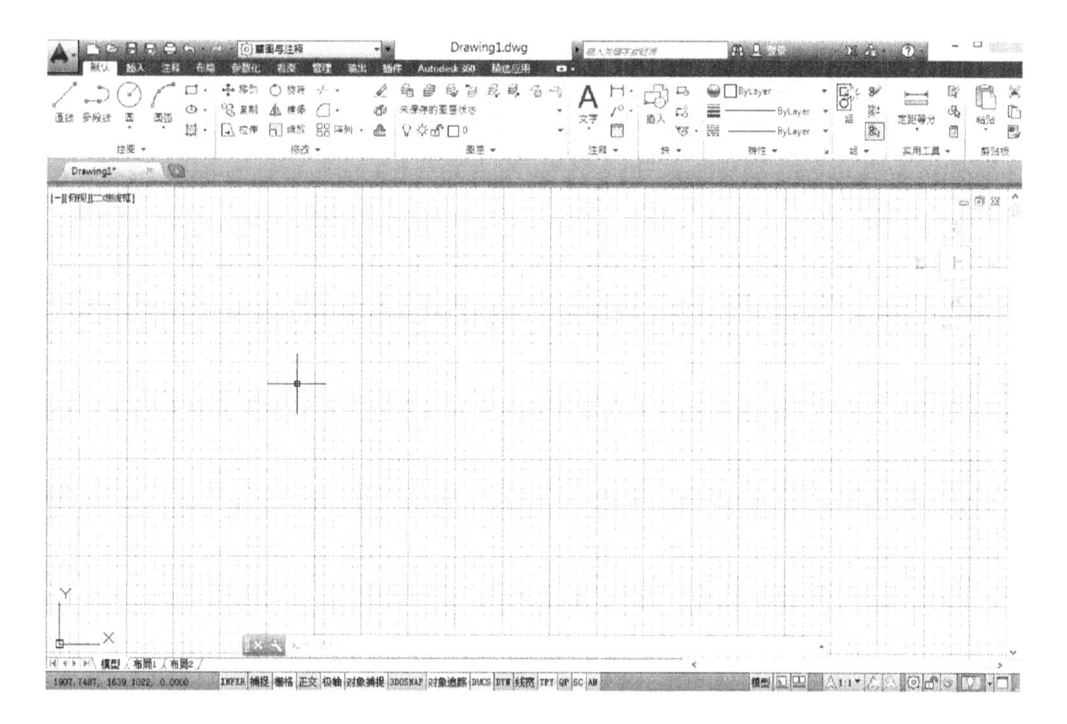

图1.1 AutoCAD软件工作界面(草图与注释)

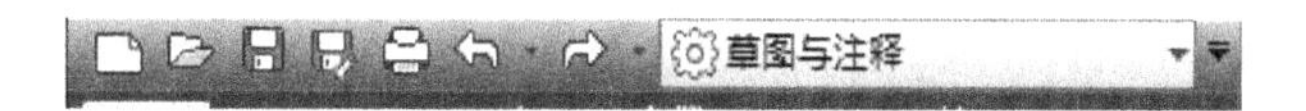


图1.2 【快速访问工具栏】

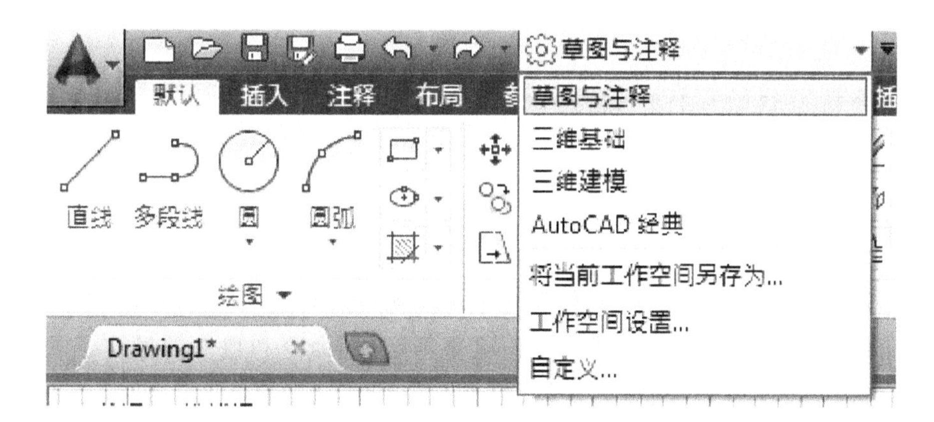


图1.3 【工作空间】控件

## 1.3 AutoCAD 软件经典界面

### 1.3.1 标题栏

界面最上面的中间位置为文件标题栏，显示当前打开的文件名称，右侧是标准 Windows 程序的【最小化】、【恢复窗口大小】和【关闭】按钮，如图 1.4 所示。

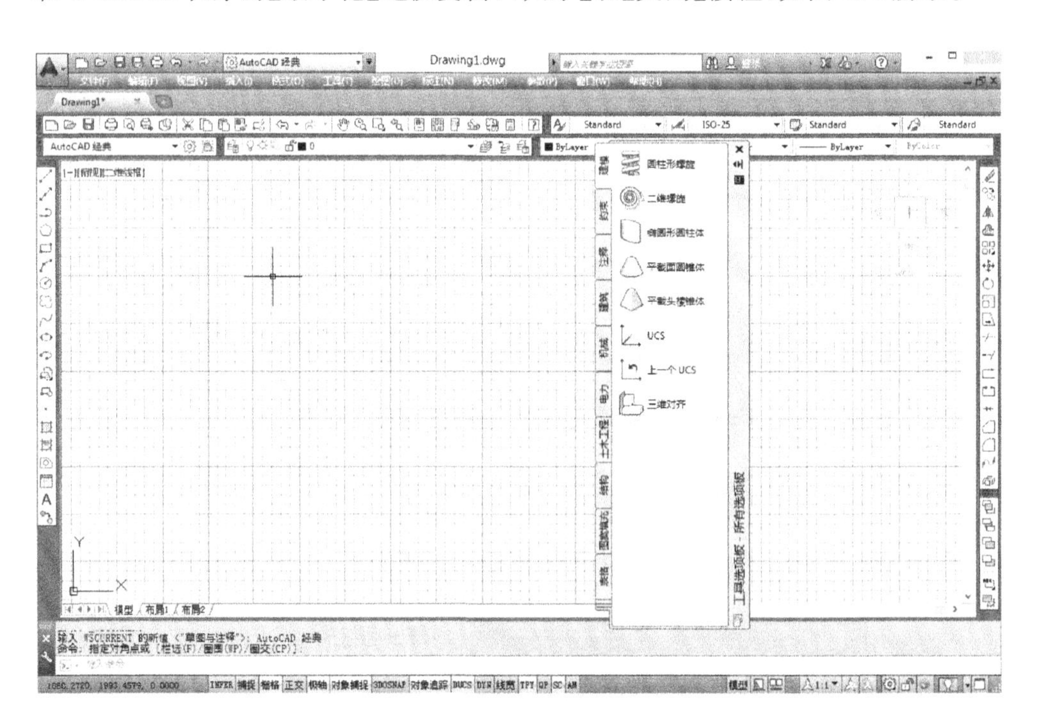


图 1.4 【AutoCAD 经典】工作界面

### 1.3.2 快速访问工具栏

快速访问工具栏位于程序窗口顶部的左侧，如图 1.4 所示。用户可以在此处点击鼠标右键进行【添加】、【删除】及【重新定位】命令和控件的操作。默认状态下，快速访问工具栏包括【新建】、【打开】、【保存】、【另存为】、【打印】、【放弃】、【重做】命令和【工作空间控件】。

### 1.3.3 菜单栏

菜单栏位于标题栏下方，提供控制 AutoCAD 软件的功能和命令。点击菜单栏中的某一命令，便会立即弹出该项的下拉菜单。如下拉菜单右侧有黑色三角符号“▶”，表示还有下级菜单；有“…”表示选中后有对话框；无任何符号的则是命令。

### 1.3.4 工具栏的功用及控制

**1）常用工具栏**

【AutoCAD 经典】工作界面中常用工具栏如图 1.5 所示。

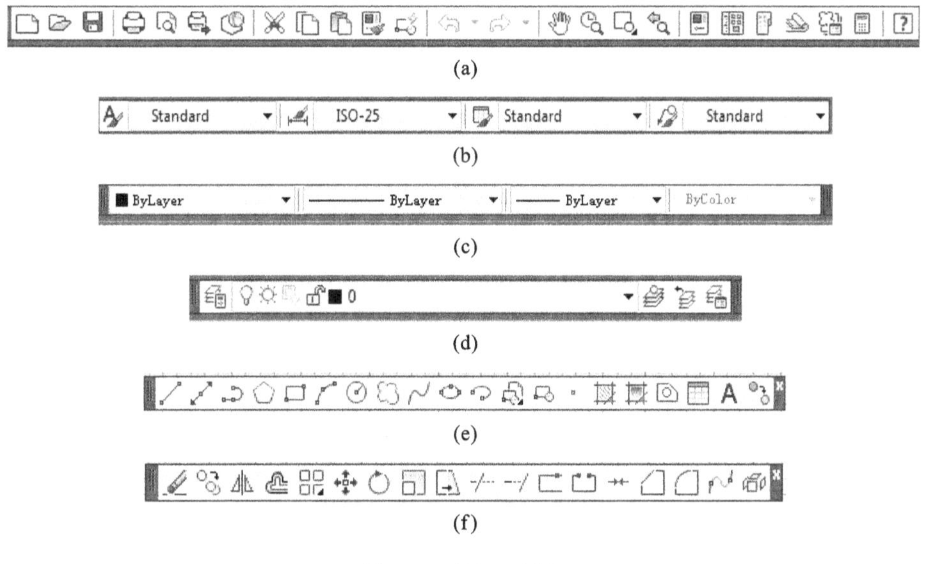


(a) (b) (c) (d) (e) (f)

**图 1.5 常用工具栏**

(a)【标准】工具栏；(b)【样式】工具栏；(c)【图层】工具栏；
(d)【对象特性】工具栏；(e)【绘图】工具栏；(f)【修改】工具栏

【标准】工具栏：可以进行新建文件、打开现有的文件、保存、打印、剪切、粘贴、实时平移、窗口缩放、控制现有对象的特性等命令的操作。

【样式】工具栏：包括创建文字样式、进行文字样式控制、创建标注样式、标注样式控制等命令。

【图层】工具栏：可以新建图层、控制图层状态和特征以及设置当前层。

【对象特性】工具栏：控制对象的颜色、线型、线宽等。

【绘图】工具栏：包括常用的绘图命令。

【修改】工具栏：包括常用的编辑命令。

**2) 工具栏及嵌套按钮操作**

嵌套按钮包含 AutoCAD 软件常用的命令，如最典型的【ZOOM】命令。将箭头光标置于【标准工具栏】中命令按钮上并停留几秒钟，程序将显示【ZOOM】命令的名称并对其功能进行解释，如图 1.6(a)所示，即可完成工具栏的操作。如点击该按钮右下角的黑色三角并按住鼠标左键，程序弹出一组命令按钮，如图 1.6(b)所示，可完成嵌套按钮的操作。

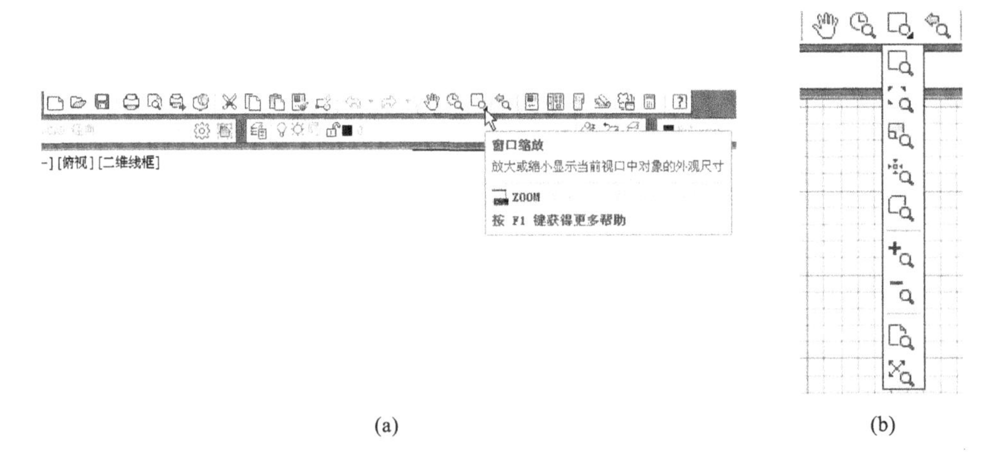


**图 1.6 【窗口缩放】嵌套按钮**

(a)工具栏操作-ZOOM 命令；(b)嵌套按钮操作-ZOOM 命令

**3) 工具栏的调整**

用户可根据需要和习惯对工具栏进行调整，选择将某些工具栏显示或隐藏。鼠标移至【标准工具栏】任意按钮处并单击鼠标右键，如图 1.7(a)所示，程序弹出包括所有工具栏名称的快捷菜单。工具栏名称前出现“√”符号，则表示该工具栏出现在屏幕上；单击名称可执行打开和隐藏该工具栏命令。图 1.7(b)为比较简洁的工作界面，隐藏了多个常用的工具栏，这需要用户具有比较全面的 AutoCAD 绘图基础知识才能进行绘图工作。

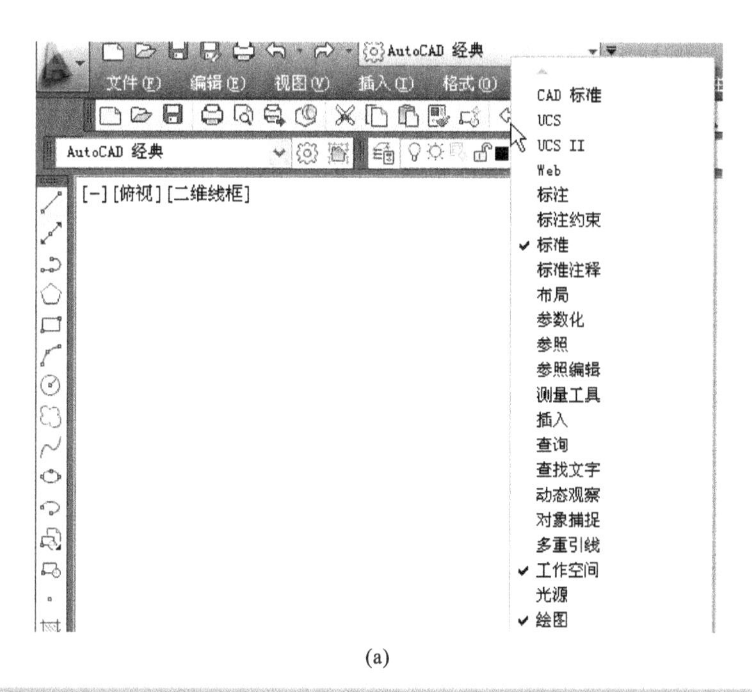


(a)

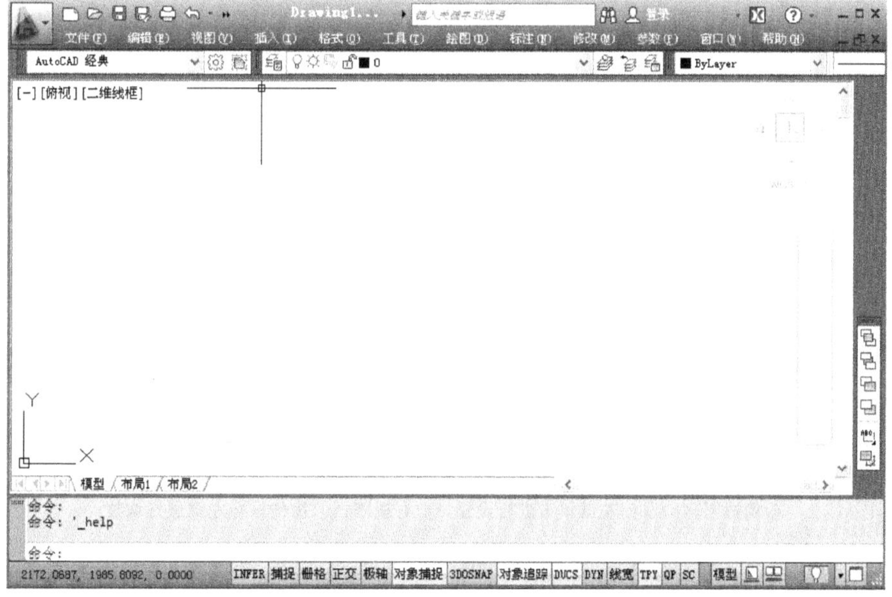


(b)

**图1.7 调整工具栏**

(a)进行调整;(b)调整的效果(仅显示【标准】工具栏)

### 1.3.5 绘图窗口

绘图窗口是用户进行绘图和编辑对象的工作区域，用户取消多个工具栏可以获得更大的屏幕空间。

绘图窗口右上角的视图盒子便于用户在二维模型空间或三维视觉样式中处理图形，如图 1.8 所示。

绘图窗口左下角是 AutoCAD 的直角坐标系显示标志，用于指示图形设计的平面，如图 1.9 所示。

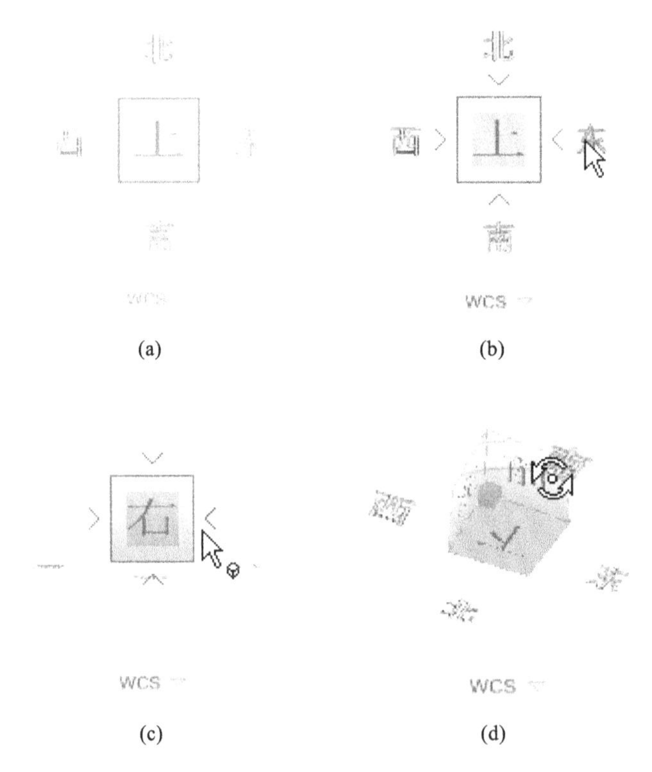


**图 1.8　ViewCube 的设置**

(a)俯视图；(b)鼠标左键单击进行设置；(c)右视图；(d)按住鼠标左键进行调整

绘图窗口底部一般有 3 个标签，如图 1.9 所示。其中 1 个为模型，其余为布局 1 和布局 2，模型代表模型空间，布局代表图纸空间。单击标签可在这两个空间中切换。

绘图和编辑基本在模型空间中完成，因此，本书中的操作都是在模型空间中

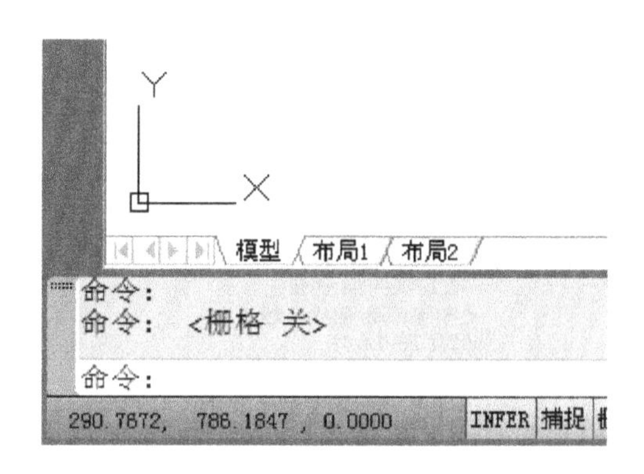


图 1.9 直角坐标系标志和标签

完成,不再赘述。

用户可以根据需要对绘图窗口进行调整,最常见的调整包括窗口和光标的调整。

**1) 调整窗口颜色**

默认情况下,AutoCAD 软件的绘图窗口是黑色背景,这符合大多数用户的工作习惯,用户也可以根据需要调整绘图窗口的颜色。

调整绘图窗口颜色的步骤如下,界面如图 1.10 所示。

①鼠标左键点击菜单【工具】并移至最下端【选项】。

②鼠标左键点击【选项】,打开【选项】对话框。

③在【选项】对话框中单击【显示】选项卡,点击【颜色】按钮,打开【图形窗口颜色】对话框。

④在【图形窗口颜色】对话框的【界面元素】列表框中选择"统一背景",在【颜色】列表框选择"白"。

⑤单击【应用并关闭】按钮,返回【选项】对话框。

⑥在【选项】对话框中单击【确定】按钮,绘图窗口改变成白色。

**2) 调整十字光标**

在绘图窗口内移动鼠标会看到十字光标随之移动。绘制图形时图形光标显示为十字形"+",拾取编辑对象时图形光标显示为拾取框"□"。

调整十字形"+"的步骤如下,界面如图 1.11(a)所示。

①鼠标左键点击菜单【工具】并移至最下端【选项】。

②鼠标左键点击【选项】,打开【选项】对话框。

选项
当前配置: <<未命名配置>>
文件 显示 打开和保存 打印和发布 系统
窗口元素
配色方案(M): 暗
在图形窗口中显示滚动条(S)
显示图形状态栏(D)
在工具栏中使用大按钮
将功能区图标调整为标准大小
显示工具提示(T)
在工具提示中显示快捷键
显示扩展的工具提示
2 延迟的秒数
显示鼠标悬停工具提示
显示文件选项卡(S)
颜色(C)... 字体(F)...

(a)

选项
当前配置: <<未命名配置>>
文件 显示 打开和保存 打印和发布 系统 用户系统配置
窗口元素
配色方案(M): 暗
在图形窗口中显示滚动条(S)
显示图形状态栏(D)
在工具栏中使用大按钮
将功能区图标调整为标准大小
显示工具提示(T)
在工具提示中显示快捷键
显示扩展的工具提示
2 延迟的秒数
显示鼠标悬停工具提示
显示文件选项卡(S)
颜色(C)... 字体(F)...

(b)

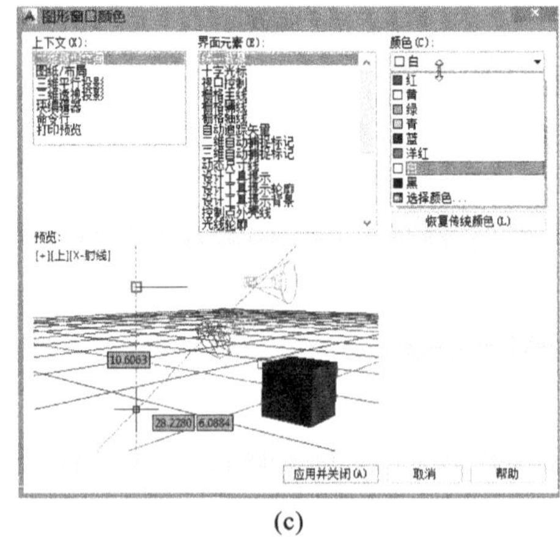


(c)

**图 1.10 调整绘图窗口的颜色**

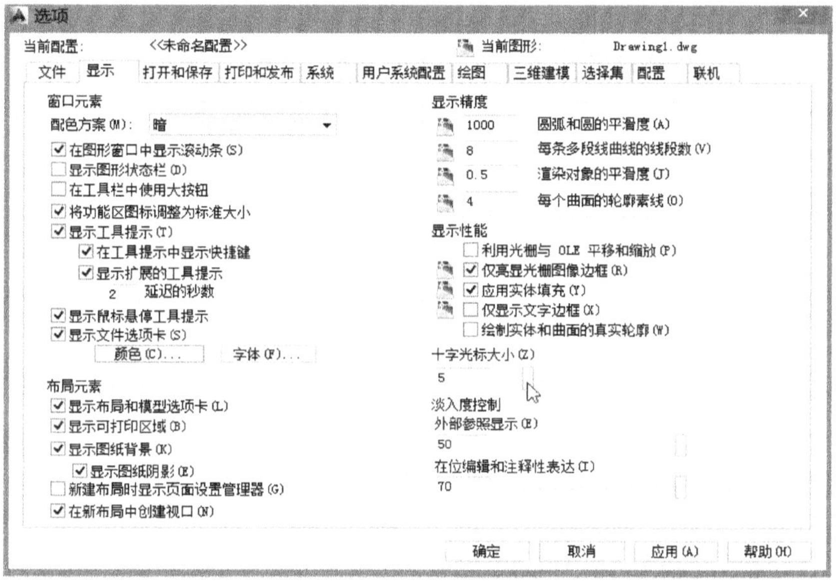

选项
当前配置:　<<未命名配置>>　当前图形:　Drawing1.dwg
文件　显示　打开和保存　打印和发布　系统　用户系统配置　绘图　三维建模　选择集　配置　联机
窗口元素
配色方案(M):　暗
☑在图形窗口中显示滚动条(S)
☐显示图形状态栏(D)
☐在工具栏中使用大按钮
☑将功能区图标调整为标准大小
☑显示工具提示(T)
☑在工具提示中显示快捷键
☑显示扩展的工具提示
2　延迟的秒数
☑显示鼠标悬停工具提示
☑显示文件选项卡(S)
颜色(C)...　字体(F)...
布局元素
☑显示布局和模型选项卡(L)
☑显示可打印区域(B)
☑显示图纸背景(K)
☑显示图纸阴影(E)
☐新建布局时显示页面设置管理器(G)
☑在新布局中创建视口(N)
显示精度
1000　圆弧和圆的平滑度(A)
8　每条多段线曲线的线段数(V)
0.5　渲染对象的平滑度(J)
4　每个曲面的轮廓素线(O)
显示性能
☐利用光栅与 OLE 平移和缩放(P)
☑仅亮显光栅图像边框(R)
☑应用实体填充(Y)
☐仅显示文字边框(X)
☐绘制实体和曲面的真实轮廓(W)
十字光标大小(Z)
5
淡入度控制
外部参照显示(E)
50
在位编辑和注释性表达(I)
70
确定　取消　应用(A)　帮助(H)

(a)

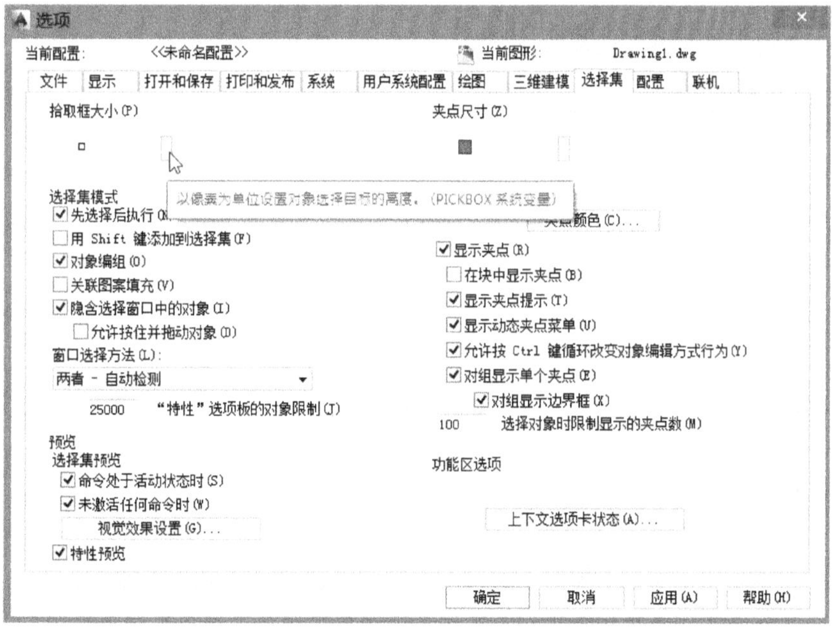

选项
当前配置:　<<未命名配置>>　当前图形:　Drawing1.dwg
文件　显示　打开和保存　打印和发布　系统　用户系统配置　绘图　三维建模　选择集　配置　联机
拾取框大小(P)
以像素为单位设置对象选择目标的高度。(PICKBOX 系统变量)
选择集模式
☑先选择后执行(N)
☐用 Shift 键添加到选择集(F)
☑对象编组(O)
☐关联图案填充(V)
☑隐含选择窗口中的对象(I)
☐允许按住并拖动对象(D)
窗口选择方法(L):
两者 - 自动检测
25000　“特性”选项板的对象限制(J)
预览
选择集预览
☑命令处于活动状态时(S)
☑未激活任何命令时(W)
视觉效果设置(G)...
☑特性预览
夹点尺寸(Z)
夹点颜色(C)...
☑显示夹点(R)
☐在块中显示夹点(B)
☑显示夹点提示(T)
☑显示动态夹点菜单(U)
☑允许按 Ctrl 键循环改变对象编辑方式行为(Y)
☑对组显示单个夹点(E)
☑对组显示边界框(X)
100　选择对象时限制显示的夹点数(M)
功能区选项
上下文选项卡状态(A)...
确定　取消　应用(A)　帮助(H)

(b)

**图1.11　调整十字形“+”和拾取框“□”**

(a)调整十字形“+”;(b)调整拾取框“□”

③在【选项】对话框中单击【显示】选项卡，可以用键盘输入数字以控制十字光标的大小，也可以拖动滑块改变十字光标大小。

调整拾取框“□”的步骤如下，界面如图 1.11(b)所示。

①鼠标左键点击菜单【工具】并移至最下端【选项】。

②鼠标左键点击【选项】，打开【选项】对话框。

③在【选项】对话框中单击【选择集】选项卡，拖动滑块改变拾取框的大小。

## 1.3.6 命令行与文本窗口

AutoCAD 软件中最经典的输入方式是命令行操作。用户输入命令后，可根据命令行的提示进行选项的设定、参数的输入以及系统变量的修改，从而完成图形的绘制和编辑。如图 1.12(a)所示，在命令行中输入“LINE”并敲击键盘“Enter”，完成命令的输入，程序将提示下一步的工作。

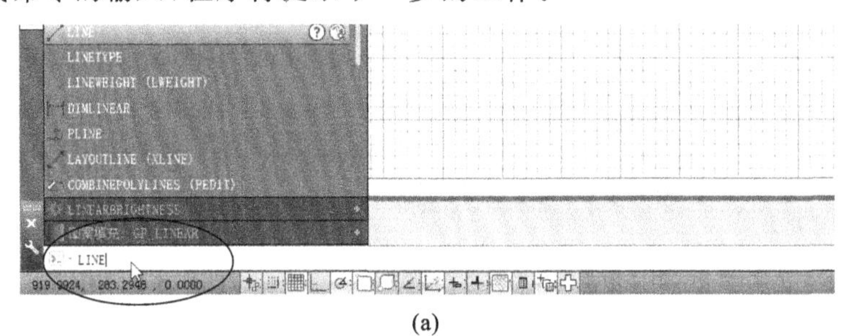


(a)

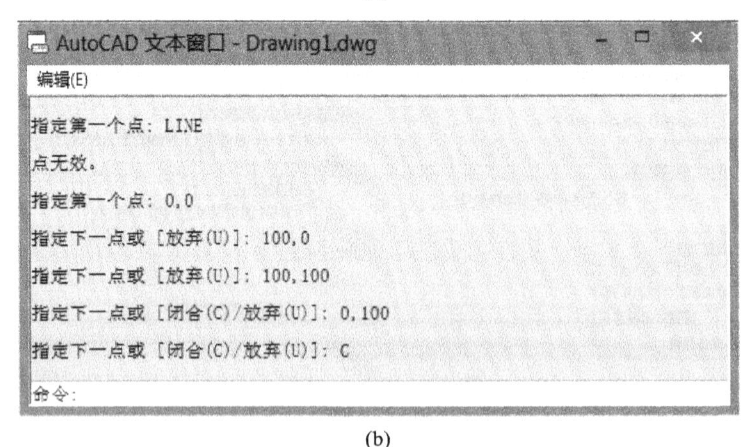


(b)

**图 1.12 命令行和文本窗口**

(a)命令行；(b)文本窗口

按下 F2 键，程序将显示 AutoCAD 文本窗口，文本窗口记录了命令运行的过程和参数设置。图 1.12(b)显示的内容为一个简单图形的坐标和选项输入过程。

命令窗口的行数可以调节，将光标移至命令窗口和绘图窗口的分界线时，光标会变化为“ ”，拖动光标可以调节显示行数。

### 1.3.7 状态栏

命令行下面有一个反映操作状态的应用程序状态栏，程序默认以图标进行显示，如图 1.13(a)所示。绘图辅助工具状态栏可帮助用户快速、精确地作图。

用户可以将鼠标置于中间部分的状态栏处并点击鼠标右键，将“使用图标”关闭，改为文字模式，如图 1.13(b)和图 1.13(c)所示。

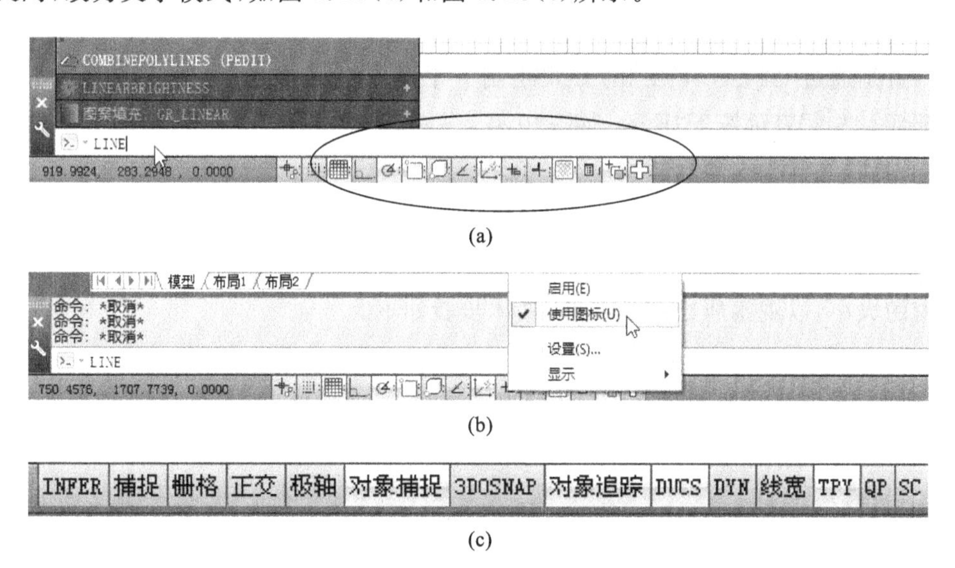


(a)

(b)

(c)

**图 1.13 状态栏的显示模式**

(a)状态栏(图标模式)；(b)改变状态栏的显示；(c)状态栏(文字模式)

## 1.4 常见问题和解决措施

**1) 如何选择工作界面**

AutoCAD 软件为用户提供很多的工作界面选择，用户可以在草图与注释、三维基础、三维建模、AutoCAD 经典之间进行切换，以适应工作的要求。本书以经典界面进行演示或者解释，基本可以满足土木工程专业工作的需求。

**2）模型空间的大小**

初学者通常有一些感到疑惑的问题，比如：当前的窗口是否可以绘制一个体量巨大的建筑物，或者绘制一个小小的节点，并且是否能显示清楚？当前的模型空间是很大还是很小？

这个问题可以通过一个对比演示来解释。

在命令窗口绘制一个直径较大的圆，用户可以按照如下提示进行操作。

命令：CIRCLE ↙

指定圆的圆心或［三点(3P)/两点(2P)/切点、切点、半径(T)］：0，0 ↙

指定圆的半径或［直径(D)］：10000 ↙

这是通过“圆心＋半径”的方式绘制一个圆心坐标为“0，0”、半径为“10000”的圆形。“↙”表示按下“Enter”键；“0，0 ↙”表示以绝对直角坐标系的方式输入圆心，此时注意输入法为英文。

执行完半径输入后可发现，当前窗口没有任何显示，这是因为当前的圆形半径比较大，图形在当前窗口之外显示，用户可以通过输入“ZOOM” 命令调整当前视窗的大小，以观察所绘制的圆形，具体步骤如下。

命令：ZOOM ↙

指定窗口的角点，输入比例因子（nX 或 nXP），或者［全部(A)/中心(C)/动态(D)/范围(E)/上一个(P)/比例(S)/窗口(W)/对象(O)］〈实时〉：E ↙

此时程序将以最大化的方式显示刚才绘制的圆形。

在当前窗口下，再次绘制一个圆心为“0，0”、半径为“1”的圆形，此时用户无法观察到当前绘制的图形。这是因为当前的绘图窗口相对较大，而所绘制圆形过小，以至于观察不到。可以先采用“ERASE”命令将半径为“10000”的圆形删除，然后再次执行“ZOOM”及 “E”命令，当前窗口将显示所绘制的半径为“1”的圆形。

因此，用户不用担心当前窗口的大小，根据要求进行绘图并熟练使用视图缩放等命令，即可完成各种不同图形的绘制。

**3）AutoCAD 软件中的工具栏消失**

操作中经常出现某些工具栏消失的现象，此时可在当前已有的工具栏处点击鼠标右键，在弹出的快捷菜单里打开需要的工具栏；如果大部分工具栏消失，可以用鼠标左键点击菜单【工具】→【选项】→【配置】→【重置】。

**4）绘图窗口中的栅格不显示**

绘图窗口中的栅格类似于坐标格，对于图形的绘制有所帮助。从事土木工程专业的技术人员更习惯取消当前的网格显示。

如果当前状态栏未采用图标显示，直接在状态栏点击【栅格】，可以在命令行中观察到软件提示当前的操作为〈栅格 关〉。

如果状态栏为图标显示模式，在状态栏点击▦图标，即可关闭栅格。

另外，通过快捷键 F7 也可执行关闭栅格和打开栅格的命令。

**5）关闭动态输入(DYN)**

动态输入在绘图区域的光标附近提供命令界面，如图 1.14 所示。动态输入提供了另一种方式输入命令，便于初学者将注意力集中在绘图窗口中；如果感觉窗口比较杂乱，此时可以关闭动态输入。建议初学者关闭动态输入。

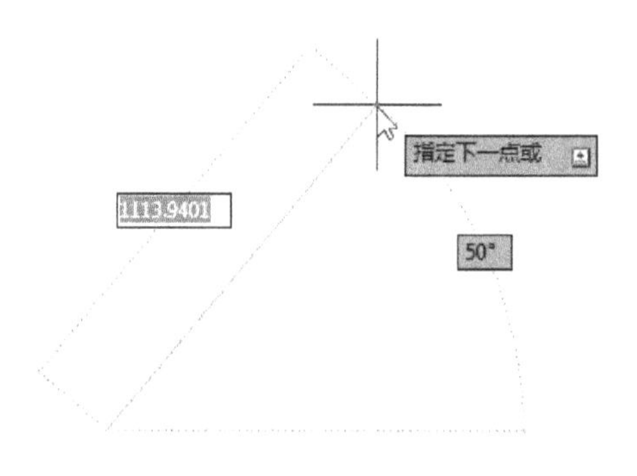


**图 1.14 动态输入**

**6）设置密码**

用户可以为文件设置安全密码，具体操作：鼠标左键点击菜单【工具】→【选项】→【打开和保存】→【安全选项】，在打开的【安全选项】对话框中设置密码即可。

**7）设置自动存盘时间**

鼠标左键点击菜单【工具】→【选项】→【打开和保存】→【文件安全措施】。用户可以再次设置自动保存的时间间隔，或者关闭【自动保存】前面的“√”。

## 1.5 综合练习

1-1 熟悉 AutoCAD 的工作界面，在 AutoCAD 经典界面与其他界面之间进行切换。

1-2 熟悉 AutoCAD 经典界面中标准工具栏各按钮的功能。

1-3 调整 AutoCAD 经典界面中的命令行，从 3 行调整为 5 行。

1-4 调整 AutoCAD 经典界面中绘图窗口的颜色为白色。

1-5 调整 AutoCAD 经典界面中命令行的字体，调整为“楷体-GB2313”，字号设置为“12”。

1-6 调整 AutoCAD 经典界面中拾取框的大小，适当放大。

1-7 查找 AutoCAD 自动保存文件的位置。

1-8 设置 AutoCAD 自动保存文件的时间为 10 分钟，设置保存文件的格式为 AutoCAD 2004、LT 2000 图形。

1-9 将 AutoCAD 经典界面状态栏中“使用图标”的设置取消，并熟悉状态栏的内容。

1-10 在 AutoCAD 经典界面中进行操作，执行【样式】工具栏隐藏以及显示的操作。

1-11 在 AutoCAD 经典界面进行操作，熟悉多窗口操作命令的特点。

# 第 2 章　AutoCAD 软件操作基础

### 教学要求

◇　熟悉 AutoCAD 软件中的菜单、标准工具栏、命令行和对话框操作的内容；

◇　掌握智能鼠标的使用技巧，能够熟练进行实时缩放、范围缩放和实时平移的操作；

◇　了解 AutoCAD 文件的格式和版本的差别，能够在保存文件时以适当版本进行存盘；

◇　熟练掌握 AutoCAD 软件绝对坐标、相对坐标的输入操作；

◇　能够采用工具栏操作方式进行视窗缩放和实时平移；

◇　熟练掌握实体的选择方式以提高绘图效率。

## 2.1　AutoCAD 软件中的命令操作

用户使用 AutoCAD 软件时，所有操作都需要通过菜单、工具栏、命令行或者对话框操作来实现。由于每个人的工作习惯不同，使用的命令操作方式有所不同，作为初学者，应对下列操作方式都进行了解。

### 2.1.1　菜单操作

菜单操作包括诸如【文件】、【编辑】、【视图】、【插入】、【格式】、【工具】、【绘图】、【标注】和【修改】等菜单栏(见图 2.1)。用户可以在这些菜单里完成绘图、编辑、样式的制定以及图纸的打印等工作。

### 2.1.2　工具栏操作

用户用鼠标左键点击相应的按钮后，软件命令行中显示该命令及相应的提示，用户根据提示进行下一步的操作。

**图 2.1 【格式】、【绘图】和【标注】菜单**

(a)【格式】菜单；(b)【绘图】菜单；(c)【标注】菜单

当用户对命令具体的功能不了解时，可以将鼠标放置在每个按钮上，软件将显示该命令简单的提示；如放置时间超过数秒，软件将显示详细的提示，如图 2.2 所示为软件对“LINE”命令的提示。

### 2.1.3 命令行操作

在命令行直接键入命令是软件操作最为快捷的方式，也是工程师广泛采用的方法。我们在操作中必须理解命令行中选项的内容、命令的提示以及进行正确的输入。

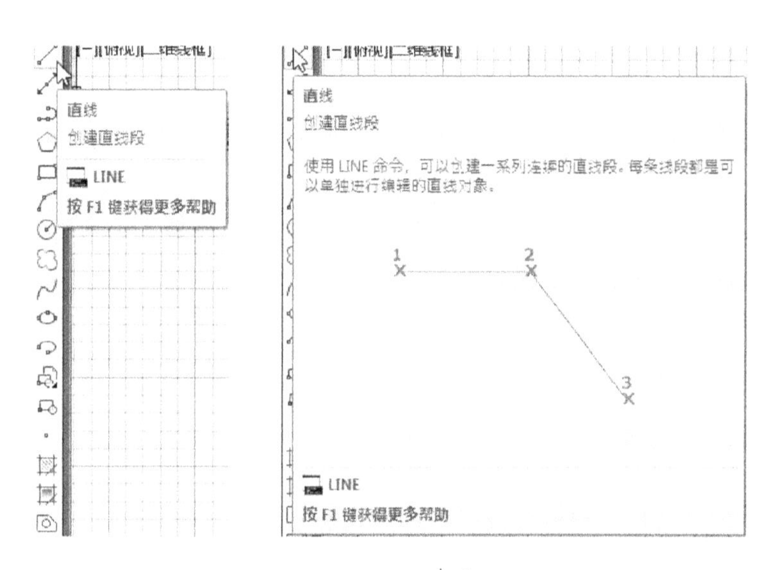


**图2.2 鼠标置于按钮 处的提示**

AutoCAD软件无法识别汉语命令，需要输入英文命令的全称或者简写，输入时切记：当前正在使用的汉语输入法会造成输入错误，包括坐标输入都要避免汉语输入法。

如使用“LINE”命令绘制左下角坐标为“0,0”、长度为“100”的矩形。

命令：LINE ↙(解释：输入LINE命令并按下“Enter”键)

指定第一个点：0,0 ↙(解释：输入第1个点坐标并按下“Enter”键，不要使用汉语输入法)

指定下一点或[放弃(U)]：100,0 ↙(解释：输入坐标并按下“Enter”键输入，输入第2个点的坐标)

指定下一点或[放弃(U)]：100,100 ↙(解释：输入第3个点的坐标)

指定下一点或[闭合(C)/放弃(U)]：0,100 ↙(解释：输入第4个点的坐标)

指定下一点或[闭合(C)/放弃(U)]：C ↙(解释：输入选项“C”，完成第4个点和第1个点的连接)

需要进行解释的是，“LINE”命令解释为“创建直线段”，实际为绘制连续直线段。程序提示“指定下一点”，表示是以上一点作为直线段的第1个端点。

程序出现“闭合(C)/放弃(U)”，提示有两个输入选项。

【闭合(C)】表示程序以第一条线段的起始点作为最后一条线段的端点，形成一个闭合的线段环。在绘制了一系列线段(两条或两条以上)之后，可以使用【闭合】选项。

【放弃(U)】表示程序删除直线序列中最近绘制的线段。多次输入“U”可按绘制次序的逆序逐个删除线段。

用户使用菜单和工具栏进行操作，通常只是完成命令的输入，参数和选项还是需要使用命令行进行操作。

## 2.1.4 对话框操作

用户通常需要在对话框中完成基本的设置。

通常在菜单栏中选择命令进入对话框，当然也可以在命令行中输入命令，从而打开对话框，如输入“OPTION”或者“OP”命令并按下“Enter”键，用户可以打开【选项】对话框，如图 2.3 所示。

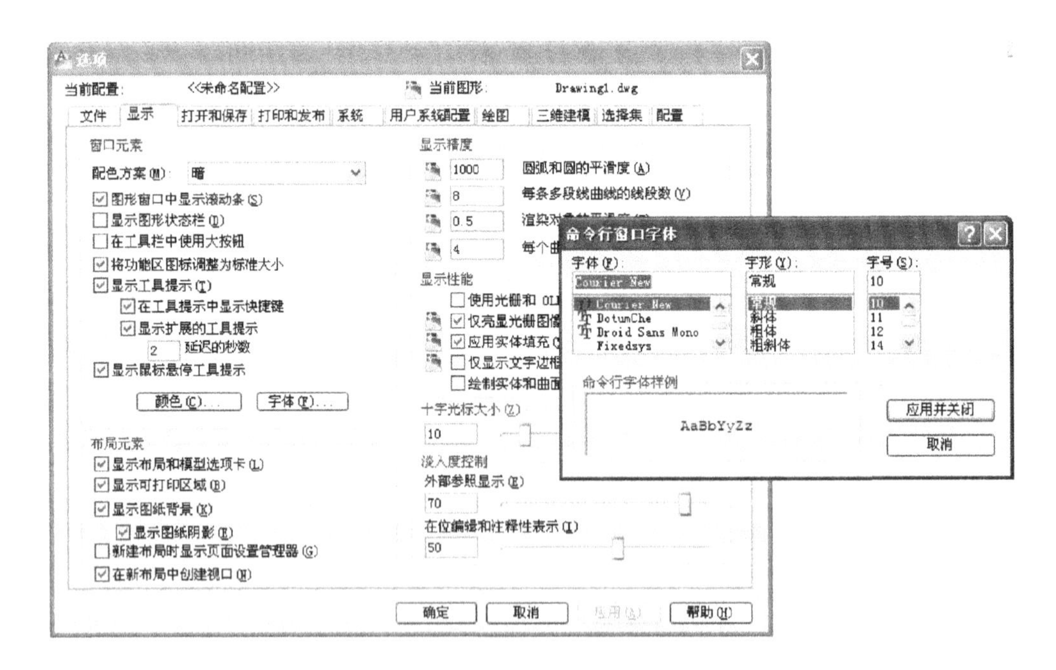


图 2.3 打开【选项】对话框，进行【字体】的设置

## 2.2　Microsoft 智能鼠标

鼠标左键主要是选择功能键，如选择命令按钮、选择菜单、选择对象等。鼠标右键可以打开快捷菜单或执行“Enter”键的功能。

对于三键鼠标，滚轮操作非常方便，这些功能与传统的工具栏和命令行操作相匹配，且更为方便。下文对三键鼠标进行阐述的同时，对工具栏和命令行的操作也进行了阐述。

### 2.2.1　双击鼠标滚轮——范围缩放(ZOOM/E)

在当前图形绘制一个圆心为“0,0”、半径为“10000”的圆形，完成后双击鼠标滚轮，该功能可以实现缩放以显示所有可见对象，该功能与在命令行中输入“ZOOM”后再次输入“E”有相同的结果。

用户也可以在标准工具栏中选择按钮左下角的黑色三角，并在弹出的嵌套按钮中选择，也可以执行范围缩放的功能，如图 2.4 所示。

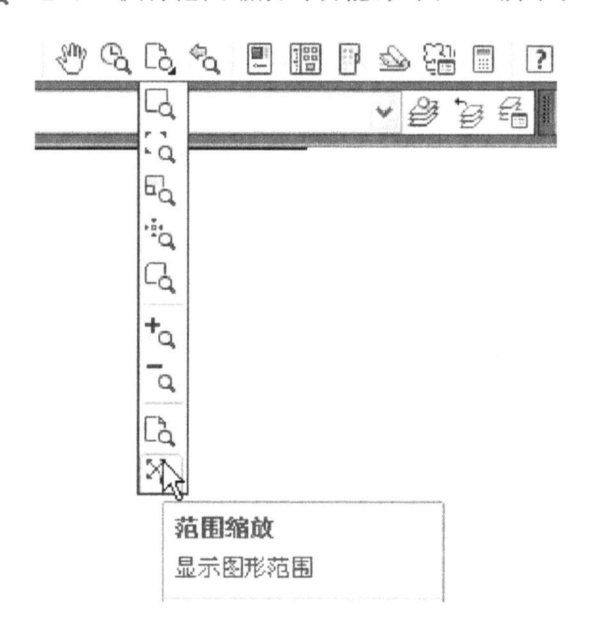


图 2.4　嵌套按钮操作——ZOOM/E

### 2.2.2 滚动鼠标滚轮——实时缩放 ZOOM

在窗口中向前或者向后滚动鼠标滚轮，可实现窗口中图形的显示放大或者缩小，此时仅是显示的改变，类似使用相机观察对象的效果，并非对象几何尺寸的变化。操作时注意鼠标的位置，软件总是执行以鼠标位置点为基础的放大和缩小图形。

另外，该命令也可以通过执行标准工具栏中的（实时缩放）按钮来实现。点击实时缩放按钮后，将鼠标置于绘图窗口，可以发现鼠标形状变成，显示成带有“＋”和“－”的放大镜。此时，按住鼠标左键并向右下方拖动鼠标，执行缩小显示的功能；按住鼠标左键并向左上方拖动鼠标，执行放大显示的功能。

### 2.2.3 按住鼠标滚轮——实时平移 PAN

在绘图窗口中按住鼠标滚轮，此时鼠标形状变为（实时平移）。执行实时平移的命令，能够改变当前视图的显示而不更改查看对象的方向或比例。

用户也可以在标准工具栏中选择按钮，然后在绘图窗口中按住鼠标左键进行操作。

## 2.3 AutoCAD 软件中的文件保存

### 2.3.1 创建基于样板的文件

用户可以在命令行中输入“NEW”并按下键盘上的“Enter”或者【标准工具栏】的（新建）按钮。程序显示如图 2.5 所示，用户可以选择“acadiso. dwt”并单击【打开】按钮，创建基于样板文件的图形文件。

用户也可以选择其余的样板。对于初学者，建议选择“acadiso. dwt”样板文件。

### 2.3.2 保存文件

用户可以在命令行中输入“QSAVE”或者“SAVE”并按下“Enter”键，或直接

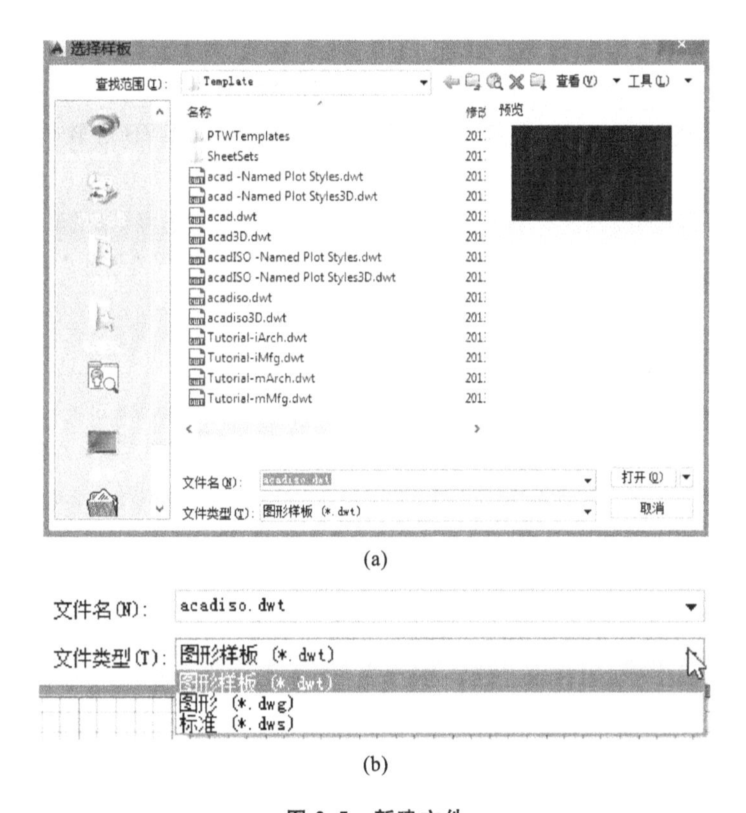


(a)



(b)

**图 2.5　新建文件**

(a)【选择样板】对话框；(b)选择文件类型

按下【标准工具栏】中 (保存)按钮进行文件保存。需要注意的是，保存时除输入文件名外，还可以选择保存的文件类型和位置。软件默认的文件名为“Drawing * . dwg”，此处“ * ”为软件默认的序号设置，用户可以再次更改文件名。用户可在【图形另存为】→【保存于】的下拉列表中选择合适的储存位置，如图 2.6(a)所示。

图 2.6(b)为文件类型，此处包括图形格式版本( * . dwg)、图形标准文件( * . dws)、图形样板文件( * . dwt)、图形交换格式版本( * . dxf)以及软件版本的年份。

“dwg”格式是工程中广泛使用的二进制格式文件。

“dwt”格式为软件提供的标准样板，用户也可以根据工作需要自己制定样板并选择“dwt”的类型。

"dxf"格式是 Autodesk 公司开发的用于 AutoCAD 与其他软件之间进行 CAD 数据交换的文件格式，是一种基于矢量的 ASCII 文本格式。用户可以将存成该格式的文件导入 PKPM、ETABS、MIDAS、YJK、ANSYS 等软件。

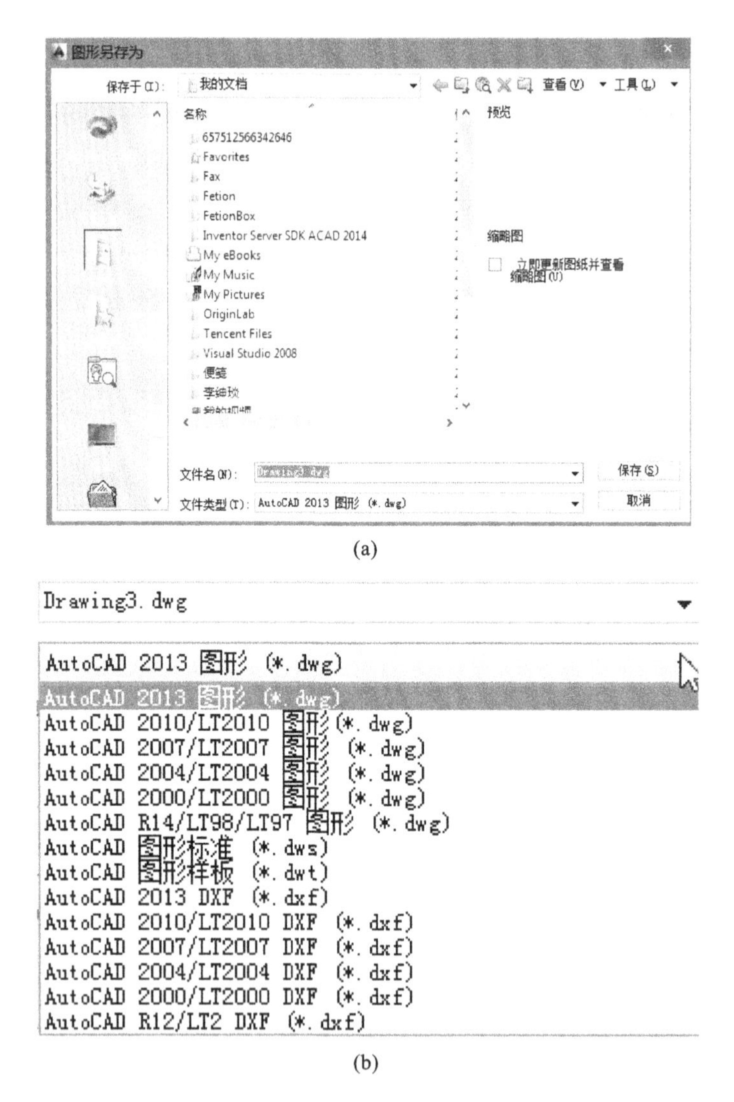


**图 2.6 保存文件**

(a)【文件另存为】对话框；(b)文件类型

需要注意，文件类型还包括软件的版本号，一般旧版本的软件无法打开新版本的软件。因此，保存文件时注意选择合适的软件版本。软件默认以当前最新的版本进行保存。

用户可以在菜单【工具】→【选项】→【打开与保存】→【文件保存】→【另存为】中选择适当的保存类型，软件将在保存文件时采用该默认模式，如图 2.7 所示。

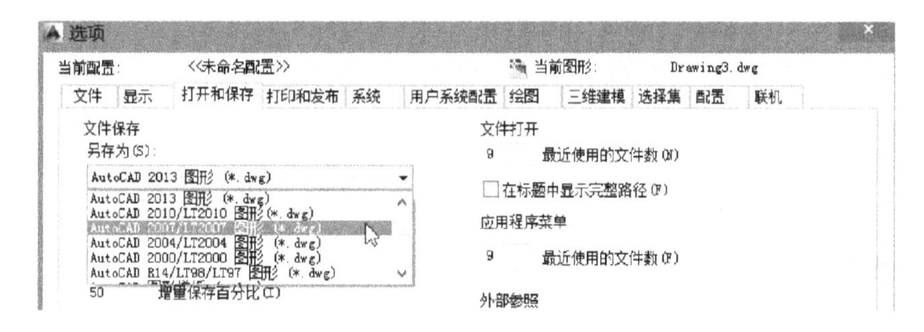


图 2.7　在【选项】对话框中设置默认的保存类型

## 2.4　AutoCAD 中的坐标系

用户可以使用笛卡尔坐标系(直角坐标)和极坐标系两种方式进行坐标点的输入。

### 2.4.1　笛卡尔坐标系和极坐标系

三维笛卡尔坐标通过使用 X、Y 和 Z 来精确定位。

使用极坐标定点应输入以角括号(〈)分隔的距离和角度。在软件默认情况下，角度按逆时针方向增大，按顺时针方向减小。要指定顺时针方向，角度输入为负值，例如，输入 100〈315 和 100〈−45 代表相同的点。

需要说明的是，本教材默认的坐标输入仅包括“X”“Y”，“Z”不进行输入，默认在当前的 XOY 平面上。

### 2.4.2　绝对坐标和相对坐标

用户绘制平面图、立面图以及剖面图时，多采用二维绘图法，即在 XOY 平面内绘制上述图形，此时只需要输入 X、Y 即可。

用户可以使用笛卡尔坐标或极坐标(距离和角度)进行定点,如果都是基于坐标原点(0,0),将导致施工图上各个坐标点的计算非常烦琐。用户可以基于上一指定点输入坐标,即相对坐标。针对笛卡尔坐标和极坐标,习惯称为相对直角坐标系和相对极坐标系,此时需要在坐标前增加“@”符号。

对于相对直角坐标系,如已经完成上一点的输入,再次输入“@100,100”表示相对上一点沿 X 轴和 Y 轴各移动 100 个单位;如输入“@,－100”表示相对上一点仅需要沿 Y 轴负方向移动 100 个单位。

对于相对极坐标系,如已经完成上一点的输入,再次输入“@100〈45”表示相对上一点的输入,新的坐标点与上一点的距离为 100,角度为 45°。

**1) 相对直角坐标练习**

使用“LINE”命令绘制如图 2.8 所示的图形。

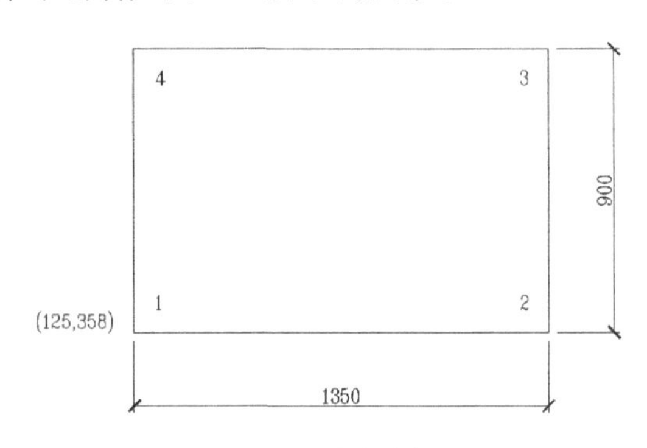


**图 2.8　相对直角坐标练习**

对于该图,如使用绝对直角坐标系,在完成第 1 点“125,358”的输入后,用户需要根据图形的几何尺寸分别计算剩余的三个点,使用相对直角坐标系进行输入则非常方便。

为便于输入,建议按下快捷键“F7”和“F12”,分别关闭栅格和动态输入;注意关闭当前的汉语输入法;另外,完成所有的输入后,如当前无图形显示,可以双击鼠标滚轮以执行范围缩放命令。

操作过程如下。

命令:LINE ↙(解释:也可以输入命令的简写“L”)

指定第一个点:125,358 ↙(解释:第 1 点采用绝对直角坐标输入)

指定下一点或[放弃(U)]:@1350,0 ↙(解释:第 2 点为相对直角

坐标输入，是相对第 1 点的距离和方向）

指定下一点或 [放弃(U)]：@0,900 ↙（解释：第 3 点相对第 2 点的距离和方向）

指定下一点或 [闭合(C)/放弃(U)]：@－1350,0 ↙（解释：第 4 点相对第 3 点的距离和方向）

指定下一点或 [闭合(C)/放弃(U)]：@0,－900 ↙（解释：闭合，相对第 3 点的距离和方向）

需要指出的是，对于该图形还可以采用更为简洁的输入方式，即采用正交输入方式。这需要"INFER 捕捉 栅格 正交 极轴 对象捕捉 3DOSNAP 对象追踪 DUCS DYN 线宽 TPY QP SC"将【正交】设置为打开模式。第 1 点通过鼠标指定，输入第 2 点时将鼠标向右移动，可发现此时鼠标只能水平或者垂直移动，控制鼠标向右水平移动，然后输入"1350"即可完成第 2 点输入；然后向上移动鼠标，控制方向为垂直向上，输入"900"完成第 2 点输入；第 3 点和第 4 点的确定可借鉴上述操作进行。

**2）相对极坐标练习**

使用"LINE"命令绘制如图 2.9 所示的图形。

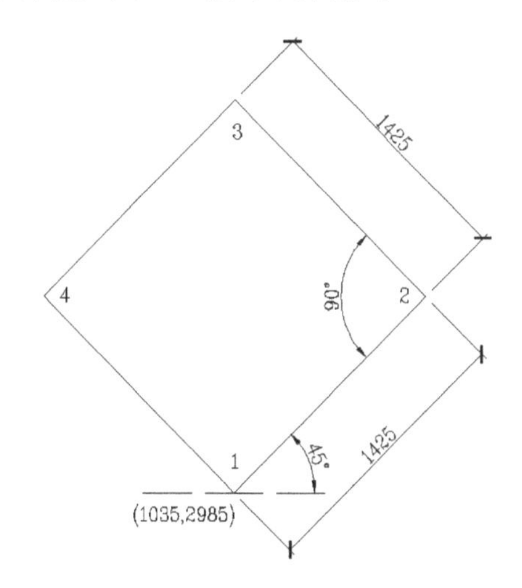


**图 2.9　相对极坐标练习**

对于该图，如使用绝对直角坐标系，在完成第 1 点"1035，2985"的输入后，用户需要根据图形的几何尺寸分别计算剩余的 3 个点，显然这将非常烦琐；如果使用相对直角坐标输入，坐标计算时必须要取近似值；如果采用绝对极坐标输入，需要建立与“0,0”之间的距离和角度关系，也非常烦琐。采用相对极坐标输入会提高工作效率。

为便于输入，建议按下快捷键“F7”“F12”，关闭当前的汉语输入法；另外，第1点采用绝对直角坐标输入；如果第1点未在当前窗口显示，可以继续完成其他点的输入，最后双击鼠标滚轮以显示全图缩放。

操作过程如下。

命令：LINE ↙（解释：也可以输入命令的简写“L”）

指定第一个点：1035,2985 ↙（解释：第 1 点采用绝对直角坐标输入）

指定下一点或［放弃(U)］：@1425<45 ↙（解释：第 2 点为相对极坐标输入，相对第 1 点的距离和方向）

指定下一点或［放弃(U)］：@1425<135 ↙（解释：第 3 点为相对极坐标输入，相对第 2 点的距离和方向）

指定下一点或［闭合(C)/放弃(U)］：@1425<225 ↙（解释：第 4 点相对第 3 点的距离和方向）

指定下一点或［闭合(C)/放弃(U)］：C ↙

### 2.4.3 世界坐标系和用户坐标系

AutoCAD 软件初始设置的坐标系为世界坐标系(WCS)，坐标原点位于屏幕绘图窗口的左下角。

为便于在工程设计中创建模型，AutoCAD 软件为用户提供了另一种非常灵活的坐标系统，即用户坐标系(UCS)。用户可以对坐标系进行移动和旋转、指定新的坐标原点和 X 轴的正方向。在用户坐标系中，坐标输入方式与世界坐标系相同，但其坐标值不是基于世界坐标系，而是当前的用户坐标系。在命令行中输入“UCS”并按下“Enter”键，命令行中将提示用户进行用户坐标系的设置。

## 2.5 视窗缩放

视窗缩放在实际工作中使用非常频繁，如图 2.10 所示为门式刚架结构施工图，包括刚架立面图、节点详图和材料表。由于计算机平面尺寸有限，无法观察具体的内容。用户可以借助视窗缩放功能观察材料表(见图 2.11),或者观察编号为 6-6 和 7-7 的节点图(见图 2.12),对细部进行检查。

用户可以使用菜单方式、工具栏方式、命令行方式和鼠标滚轮等方式进行视窗缩放的控制。熟练和灵活使用各种视窗缩放功能可显著提高工作效率。

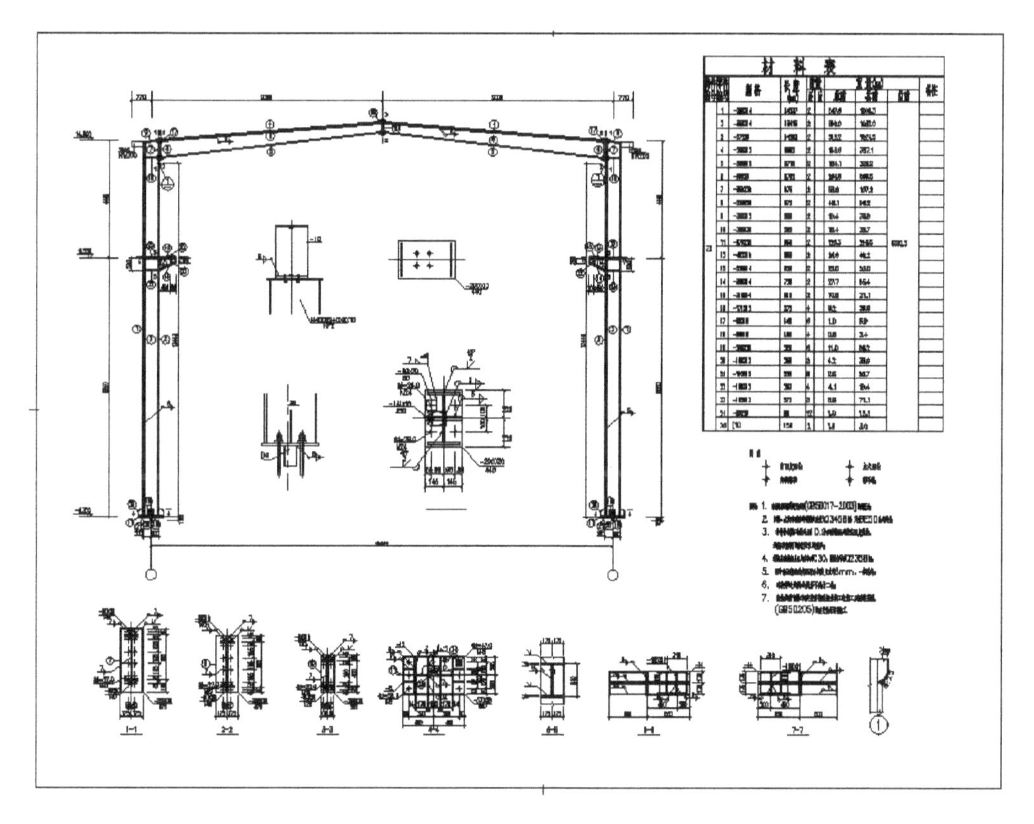

图 2.10　门式刚架施工图

## 2.5.1　实时缩放

用户可以将鼠标滚轮向前或向后滚动进行缩放,将鼠标置于合适的位置,软件将执行以该点为中心的放大及缩小的功能。这个功能也可以利用【标准工具栏】中的 (实时缩放)来实现,但利用鼠标滚轮更为方便。

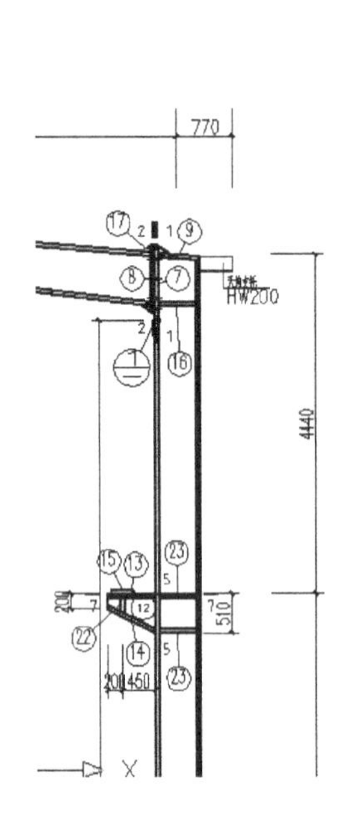


| 材料表 | | | | | | | | | | |
|---|---|---|---|---|---|---|---|---|---|---|
| 构件编号 | 零件编号 | 规格 | 长度(mm) | 数量 | | 重量(kg) | | | 备注 |
| | | | | 正 | 反 | 单重 | 共重 | 总重 | |
| GJ | 1 | -350X14 | 14237 | 2 | | 547.6 | 1095.3 | 5363.3 | |
| | 2 | -350X14 | 13415 | 2 | | 516.0 | 1032.0 | | |
| | 3 | -572X8 | 14283 | 2 | | 512.2 | 1024.5 | | |
| | 4 | -200X12 | 8682 | 2 | | 163.6 | 327.1 | | |
| | 5 | -200X12 | 8710 | 2 | | 164.1 | 328.2 | | |
| | 6 | -665X8 | 8752 | 2 | | 284.8 | 569.5 | | |
| | 7 | -360X20 | 975 | 2 | | 53.6 | 107.2 | | |
| | 8 | -350X20 | 875 | 2 | | 48.1 | 96.2 | | |
| | 9 | -350X12 | 588 | 2 | | 19.4 | 38.8 | | |
| | 10 | -200X20 | 585 | 2 | | 18.4 | 36.7 | | |
| | 11 | -570X28 | 960 | 2 | | 120.3 | 240.5 | | |
| | 12 | -482X10 | 650 | 2 | | 24.6 | 49.2 | | |
| | 13 | -350X14 | 650 | 2 | | 25.0 | 50.0 | | |
| | 14 | -350X14 | 720 | 2 | | 27.7 | 55.4 | | |
| | 15 | -310X14 | 310 | 2 | | 10.6 | 21.1 | | |
| | 16 | -171X12 | 572 | 4 | | 9.2 | 36.9 | | |
| | 17 | [illegible] | [illegible] | [illegible] | | [illegible] | [illegible] | | |

图 2.11 观察材料表

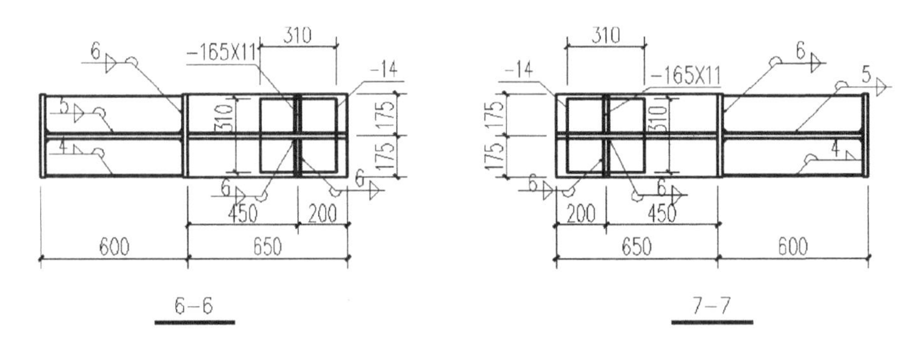


图 2.12 观察编号为 6-6 和 7-7 的节点详图

## 2.5.2 范围缩放

通过范围缩放能显示所有对象的最大范围，也是观察全部对象最为有效的方式。

用户可以双击鼠标滚轮实现范围缩放，也可以在【标准工具栏】中点击【缩放】按钮右下角的黑色三角并将鼠标移至最下端，点击 按钮可实现范围缩放。

在菜单【视图】→【缩放】→【范围】中也可以执行范围缩放的命令，不过效率太低。

### 2.5.3　窗口缩放

窗口缩放是通过“指定第一个角点”和“指定对角点”，缩放显示矩形窗口指定的区域。

在标准工具栏中点击“缩放”按钮并打开嵌套工具栏，在显示的工具栏中选择（窗口缩放）即可。

在菜单【视图】→【缩放】→【窗口】中也可以执行窗口缩放的命令。

无论何种操作，软件都会在命令行中提示“指定第一个角点：”，此时用鼠标左键点击屏幕确定第 1 个角点；软件继续提示“指定对角点：”，此时再次移动鼠标至需要的位置，点击鼠标左键完成对角点的确定，软件将会在当前窗口中将选择的对象最大化显示。

## 2.6　实时平移

视窗平移是工程师工作中频繁使用的命令，该命令改变当前的视图以便于工程师观察所绘制的对象，同时并不更改方向和比例。

在菜单中可以实现视窗平移的操作，在菜单【视图】→【平移】中，选择【实时】即可。

在标准工具栏中也可以实现视窗平移的操作，选择按钮（实时平移）即可。

当然，也可以在按下鼠标滚轮的同时移动鼠标来执行实时平移。

无论何种操作，命令行中显示如下。

命令：'_PAN

按“Esc”或“Enter”键退出，或单击鼠标右键显示快捷菜单。

此时，绘图窗口出现的形状，用户可以将光标放在某起始位置，然后按下鼠标左键，将光标拖动到新的位置即可实现视窗的平移。

## 2.7 实体选择方式

工程师在绘制和修改图形时，需要频繁地执行选择对象的操作。如执行最简单的“删除”操作，用户可以在【修改】工具栏中单击按钮，此时绘图窗口的光标变成“□”，程序提示如下。

命令：_ERASE ↙（解释：在【修改】工具栏中进行选择）

选择对象：（解释：提示选择欲删除的对象。对象必须是完整的，不能为某个对象的局部）

此时需要选择欲删除的对象，软件提供如下多种操作方式。需要指出的是，不同的操作方式对工作效率影响甚大。

### 2.7.1 单击点取

用鼠标直接单击点取对象，程序提示如下。

选择对象：找到 1 个

如果有多个对象，可以逐一进行单击选择。随着单击点取对象的增加，程序计算所选择对象的数目。

完成所有的选择后，按下“Enter”键执行删除命令。

### 2.7.2 窗口方式和交叉窗口方式

使用鼠标逐一点取的工作效率低下，使用窗口方式和交叉窗口方式或者二者组合使用更为方便。

当程序提示“选择对象”时，或者观察到窗口中的鼠标显示成“□”，先在窗口左上方某处按下鼠标左键，然后松开鼠标左键，拖动鼠标至右下角某处。再次按下鼠标左键确定对角点，则可以选择该对象，如图 2.13(a)所示。当选择的对象完全封闭在矩形窗口中时才可以被选中，否则不能选中，如图 2.13(b)所示。用户也可以在拖动鼠标的过程中一直保持左键处于按下的状态，至右下角松开左键即完成对角点的指定。

交叉窗口的方式与窗口方式并不相同，首先需要从右下角向左上方拖动鼠标以形成选择框，再就是窗口包括完整的对象或者部分对象，都可以完成选择，如图 2.13(c)和 2.13(d)所示。

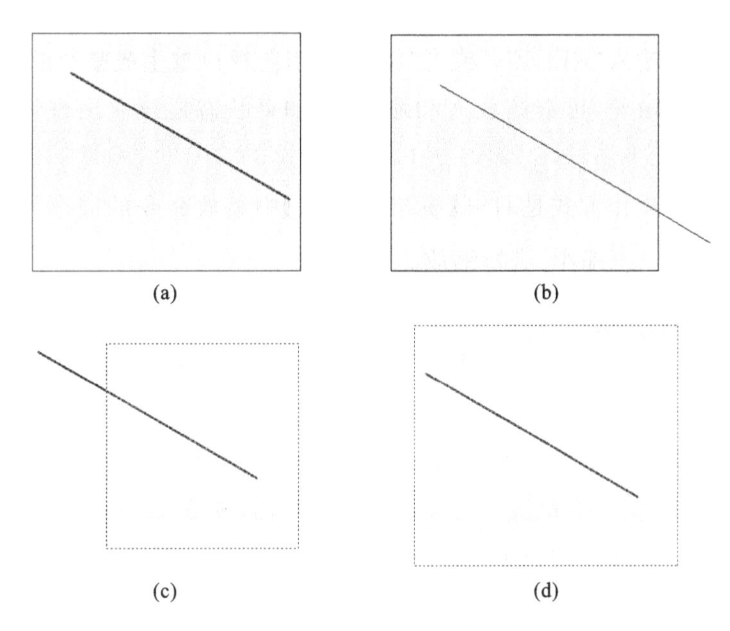


**图 2.13 窗口方式和交叉窗口方式**

(a)正确的窗口选择方式;(b)错误的窗口选择方式;

(c)交叉窗口选择方式 1;(d)交叉窗口选择方式 2

对于比较的状况,用户可以将单击选择、窗口方式以及交叉窗口方式三种方式组合使用。

### 2.7.3 "Shift"键的应用

进行实体选择时,经常出现个别或者某些对象不应出现在当前的选择集中,用户可以按下"Shift"键且同时进行单击点选或者窗口以及交叉窗口方式,可实现将这些对象从当前选择集中去除的操作。

## 2.8 常见问题和解决措施

**1) 软件提示"已无法进一步缩小"的解决措施**

打开一张图纸后,为观察图纸细节或查看整体效果,用户经常需要利用鼠标滚轮进行放大或缩小图形，但状态栏的左下角经常出现“已无法进一步缩小”提示，图形缩放出现卡住的情况。

在命令行中输入“REGEN”或者“RE”（从当前视口重生成整个图）并回车，然后继续滚动鼠标滚轮，可继续放大和缩小了；如果状态栏再次出现该提示，可以重复该命令。

更为方便的操作方式是打开【标准工具栏】中缩放命令的嵌套按钮，在弹出的工具栏里选择（缩小）进行缩放。

**2）如何重复执行上一个命令**

AutoCAD 软件中经常出现重复执行上一个命令的情况，此时可以在命令行中输入该命令或者进行命令的简化输入，按下“Enter”键后执行上一个命令。

最简单的方式是再次按下“Enter”键，此时可执行上一个命令。

一般情况下，按下空格键与“Enter”键有相同的效果。

在没有任何操作的情况下，在绘图窗口按下鼠标右键，在弹出的快捷菜单里显示“重复 * *”。

**3）土木工程专业坐标输入的简洁方式**

土木工程专业，尤其是建筑工程方向的图纸相对比较规整，经常需要绘制横平竖直的线条，此时采用相对坐标输入是非常方便的。完成上一点输入后，再次输入“@10000,0”表示与 X 轴平行向右输入 10000 个单位，输入“@0,10000”表示相对上一点，输入与 Y 轴平行且向上 10000 单位。

或者借助【正交】模式进行绘图。如欲采用“LINE”命令绘制水平直线段，首先鼠标单击状态栏的【正交】按钮，将其设置为“打开”的状态；指定“第 1 点”后，在屏幕上拖动鼠标，可以发现鼠标只能进行水平和竖直方向的移动，控制鼠标移动方向为水平方向并输入“10000”即可输入长度为 10000 的水平直线段。

**4）绘制图形的单位**

在工程制图课程中手工绘制施工图时，需要根据图纸和工程情况采用适当的比例尺，其中 1∶100 的比例尺应用最多，用户需要换算后再进行绘图。在 AutoCAD 软件中可采用足尺方式进行绘图，单位为 mm，如图 2.14 所示【图形单位】对话框。用户可以在菜单【格式】下打开该对话框。

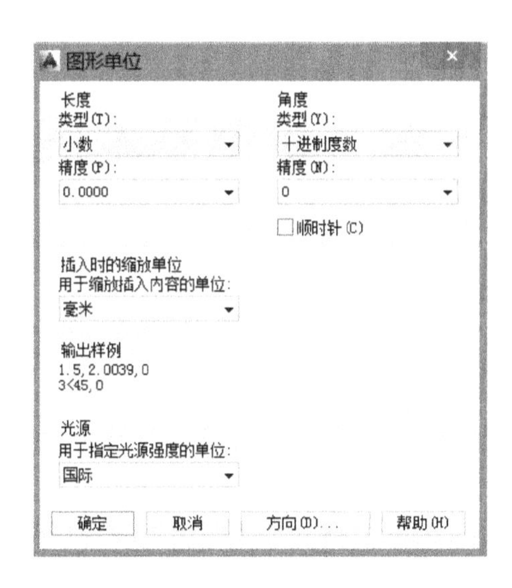


图 2.14 【图形单位】对话框

## 2.9 综合练习

2-1 熟悉PAN命令的操作,掌握鼠标滚轮操作、按钮操作以及在菜单操作的技巧并提高操作的效率。

2-2 熟悉ZOOM命令的操作,掌握鼠标滚轮操作、按钮操作以及在菜单操作的技巧并提高操作的效率。

2-3 熟练掌握在世界坐标系、极坐标系、相对直角坐标系以及相对极坐标系进行点坐标输入的方式。

2-4 练习单击点取对象、窗口方式、交叉窗口方式以及掌握"Shift"键的功能。

2-5 在计算机中查找"Sample.dwg"文件并练习基本的视窗缩放、实时平移以及实体选择的操作。

2-6 新建文件以"acadiso.dwt"作为样板,将文件保存为"练习 1"。

# 第 3 章　绘制基本图形

**教学要求**

◇　熟悉绘图的基本命令，能够完成基本图形的创建；

◇　熟悉命令行的内容和模式，能够根据需要进行调整。

## 3.1　基本绘图 1——CIRCLE 和 ARC 命令

CIRCLE 和 ARC 命令为用户提供绘制圆形和圆弧的操作。其中，程序为绘制圆弧提供 10 种方式，功能比较强大，使用也比较复杂。绘制圆形的命令和功能也比较丰富，程序为用户提供多个选项。需要指出的是，对于 CIRCLE 和 ARC 命令，菜单、工具栏以及命令行提供的功能有所不同，借助菜单更为方便。

CIRCLE 命令启动方式如下。

①下拉菜单:【绘图】|【圆】。

②工具栏:【绘图】| 按钮。

③命令行:输入 CIRCLE 或 C 并按下“Enter”键。

命令行提示如下。

命令:CIRCLE 指定圆的圆心或［三点(3P)/两点(2P)/切点、切点、半径(T)］:(解释:命令行提示通过圆心或者其他三种方式绘制圆形，用户如果需要采用“圆心＋半径/直径”的方式绘制圆形，可以直接输入圆心坐标;如果需要采用其他方式，则需要输入“3P”等命令)

**1)“圆心＋半径/直径”绘制圆形**

采用指定圆心和半径或者直径的方式绘制圆形。

命令:CIRCLE 指定圆的圆心或［三点(3P)/ 两点(2P)/ 相切、相切、半径(T)］:(0,0)↙(解释:输入点坐标“0,0”，并按下“Enter”键)

指定圆的半径或[直径(D)]〈当前〉：100↙。(解释：输入圆的半径值“100”，并按下“Enter”键，如果需要采用“圆心＋直径”的方式绘制圆形，需要在此时键入“D”，并按下“Enter”键)

**2)“切点、切点、半径(T)”绘制圆形**

该方式绘制与两个对象相切并指定半径的圆，相切的对象可以是直线、圆弧、圆或其他曲线。

当前图形为相交一点的两条直线段，如图 3.1(a)所示。

命令执行过程如下。

命令：指定圆的圆心或[三点(3P)/两点(2P)/相切、相切、半径(T)]：T↙(解释：选择相切、相切、半径画圆方式输入并按下“Enter”键)

指定对象与圆的第一个切点：(解释：鼠标选择对象第 1 个切点，如图 3.1(b)所示，按下鼠标表示确定)

指定对象与圆的第二个切点：(解释：鼠标选择对象第 2 个切点，如图 3.1(c)所示，按下鼠标表示确定)

指定圆的半径，〈当前〉：输入半径值 10↙

命令：CIRCLE 指定圆的圆心或[三点(3P)/两点(2P)/切点、切点、半径(T)]：_3P 指定圆上的第一个点：TAN 到

指定圆上的第二个点：TAN 到

指定圆上的第三个点：TAN 到

执行结果如图 3.1(d)所示。

**3)“切点、切点、切点”绘制圆形**

该方式绘制与三个对象相切的圆，并自动计算要创建的圆的半径和圆心坐标，相切的对象可以是直线、圆弧、圆或其他曲线。

需要使用从菜单执行该命令，如图 3.2 所示。

命令执行过程如下。

命令：CIRCLE 指定圆的圆心或[三点(3P)/两点(2P)/切点、切点、半径(T)]：_3P 指定圆上的第一个点：TAN 到(解释：指定第 1 个切点)

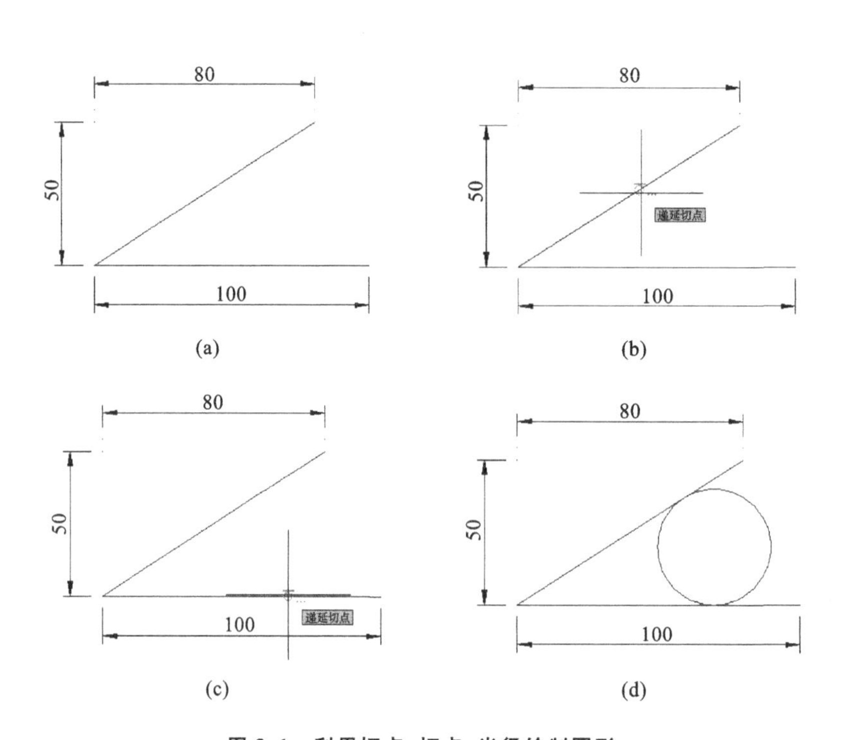


**图 3.1 利用切点、切点、半径绘制圆形**

(a)条件;(b)选择第 1 个切点;(c)选择第 2 个切点;(d)输入半径

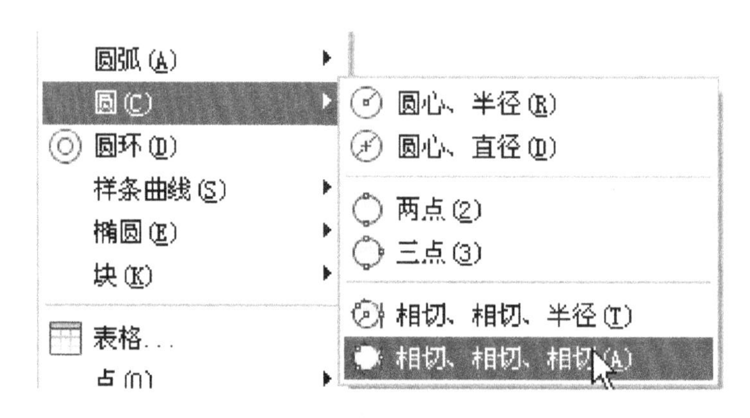


**图 3.2 采用相切、相切、相切绘制圆形**

指定圆上的第二个点:_TAN 到(解释:指定第 2 个切点)

指定圆上的第三个点:_TAN 到(解释:指定第 3 个切点)

执行结果如图 3.3 所示。

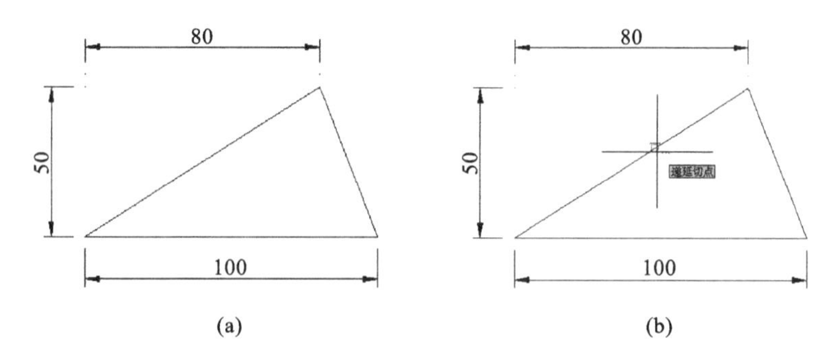


**图 3.3　采用相切、相切、相切绘制圆形 1**

(a)条件；(b)逐次指定切点

图 3.4、图 3.5 供用户参考。

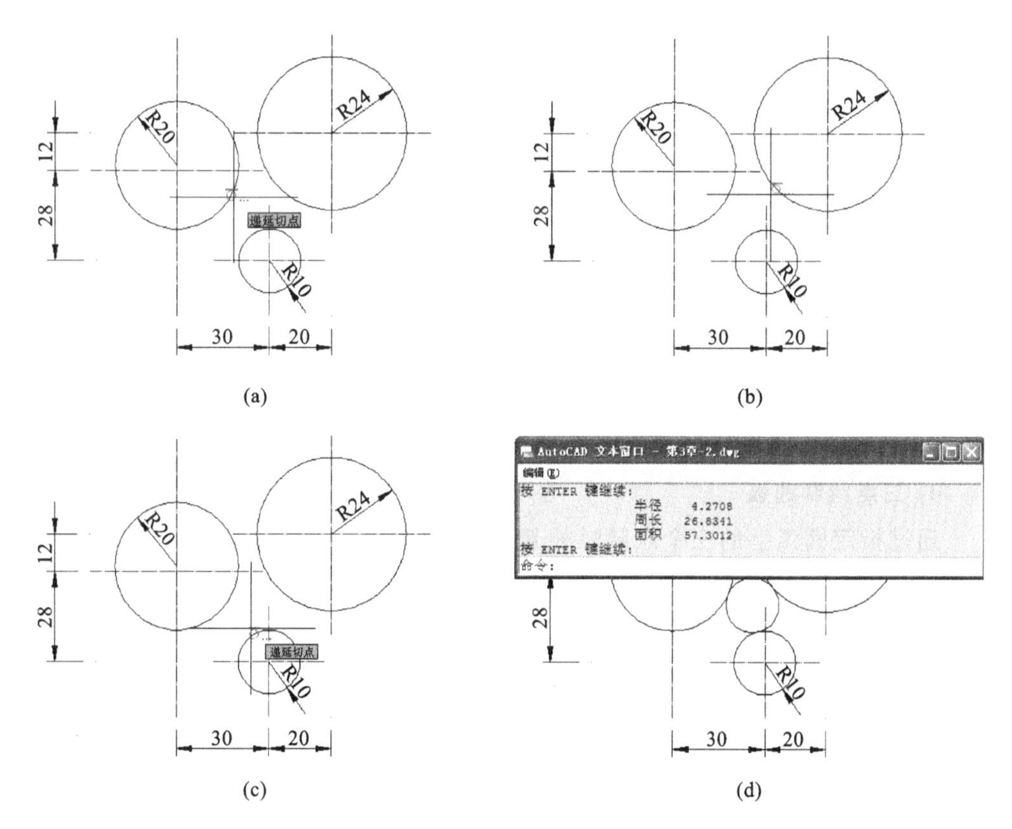


**图 3.4　采用相切、相切、相切绘制圆形 2**

(a)指定第 1 个切点；(b)指定第 2 个切点；(c)指定第 3 个切点；(d)利用 List 显示新绘制圆的属性

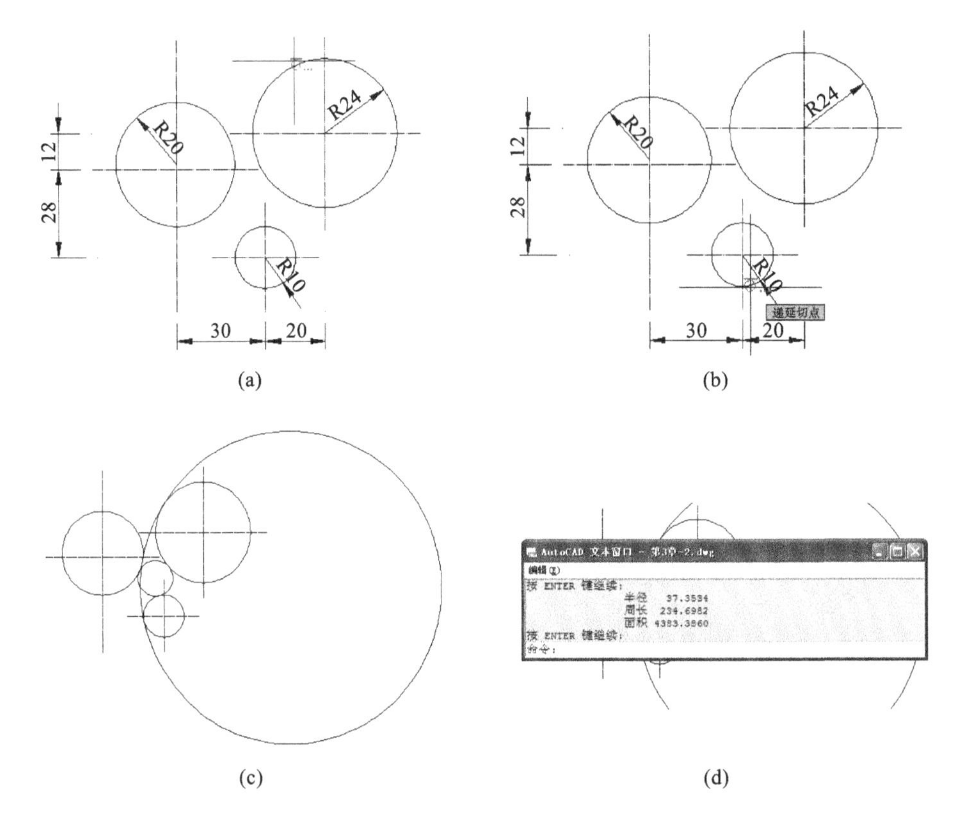


**图 3.5 采用相切、相切、相切绘制圆形 3**

(a)指定第 2 个切点(第 1 个切点同图 3.3(a));

(b)指定第 3 个切点;(c)结果;(d)利用 List 显示该图形的属性

**4) 三点绘制圆弧**

通过指定圆弧上的三个点圆弧的起点、通过的第 2 个点和端点,来绘制一条圆弧,起点和端点的顺序可按顺时针或逆时针方向给定。

在菜单中执行【圆弧】|【3 点】命令,执行过程如下。

命令:ARC 指定圆弧的起点或 [圆心(C)]:(解释:指定圆弧的起点,在窗口中鼠标随意点击确定)

指定圆弧的起点或[圆心(C)]:(解释:在绘图窗口中单击确定圆弧的起点位置 P1)

指定圆弧的第二个点或[圆心(C)/端点(E)]:(解释:在绘图窗口中单击确定圆弧的起点位置 P2)

指定圆弧的端点:(在绘图窗口中单击确定圆弧的起点位置P3)。

执行结果如图3.6所示。

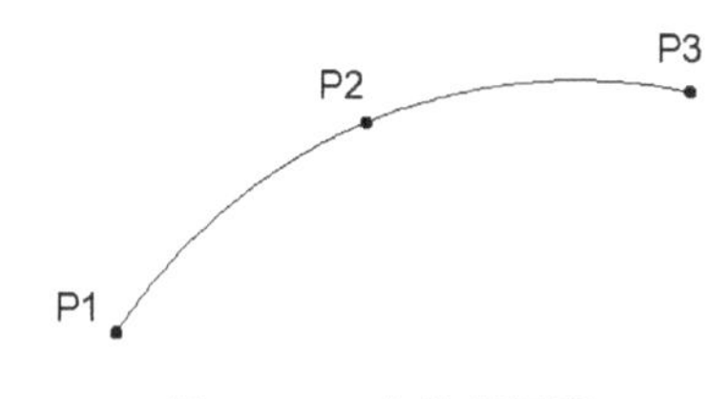


图3.6　三点绘制圆弧

# 3.2　基本绘图2——RECTANG命令

## 3.2.1　利用两个角点绘制矩形

程序可以通过指定矩形的两个对角点的方法来创建矩形。

启动方式如下。

①下拉菜单:【绘图】|【矩形】命令。

②工具栏:【绘图】| □按钮。

③命令行:RECTANG或REC。

命令行提示如下。

命令: RECTANG↙

指定第一个角点或[倒角(C)/标高(E)/圆角(F)/厚度(T)/宽度(W)]:(解释:鼠标指定第1个角点,如图3.7(a)所示)

指定另一个角点或[面积(A)/尺寸(D)/旋转(R)]:@50,40(解释:利用相对直角坐标输入第2个角点)

## 3.2.2　圆角(F)/倒角(C)和宽度(W)

**1) 圆角(F)/倒角(C)**

程序提供绘制带有圆角(F)/倒角(C)矩形的功能,需要在命令行中设定圆角半径或者倒角距离。

命令:指定第一个角点或[倒角(C)/标高(E)/圆角(F)/厚度(T)/

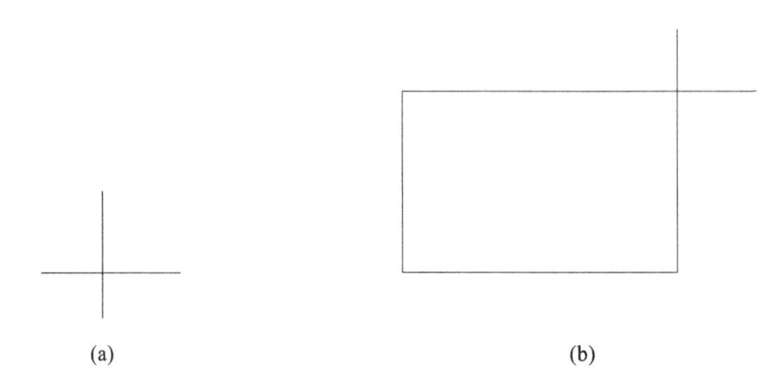

(a) (b)

**图 3.7 利用两个角点绘制矩形**

(a)指定第 1 个角点;(b)利用相对直角坐标系指定第 2 个角点

宽度(W)]: F↙(解释:输入“F”以设置圆角)

RECTANG 指定矩形的圆角半径〈0.000〉:20↙(解释:圆角半径设置为 20)

指定第一个角点或 [倒角(C)/标高(E)/圆角(F)/厚度(T)/宽度(W)]:(解释:鼠标指定第 1 个角点)

指定另一个角点或 [面积(A)/尺寸(D)/旋转(R)]: @50,40↙(解释:利用相对直角坐标输入第 2 个角点)

执行结果如图 3.8(a)所示。

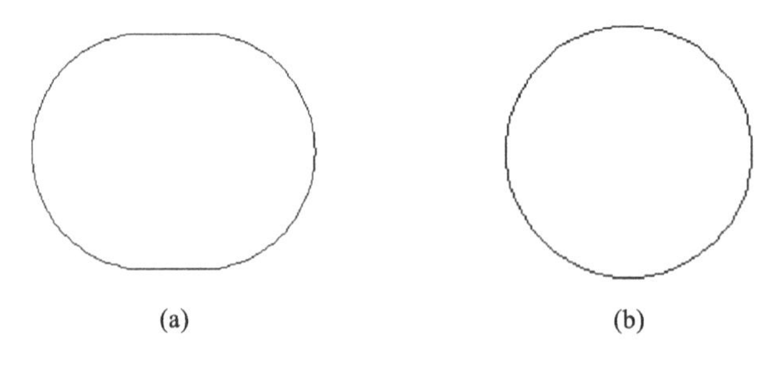

(a) (b)

**图 3.8 设置圆角(F)**

(a)圆角半径为 20、第 2 个角点采用@50,40 输入;

(b)圆角半径为 20、第 2 个角点采用@40,40 输入

图 3.8 (b)采用圆角半径为 20、第 2 个角点采用@40,40 输入的结果,用户用鼠标直接单击对象,可以观察到,该对象由 4 条圆弧组成,这与直接用 CIRCLE 绘制的圆形并不相同。

绘制具有倒角的矩形，需要设置矩形的两个倒角距离。程序提示“指定第一个角点或［倒角(C)/标高(E)/圆角(F)/厚度(T)/宽度(W)］:”，此时输入“C”并按下“Enter”键，根据提示完成倒角距离输入即可生成带有倒角的矩形，如图 3.9 所示。

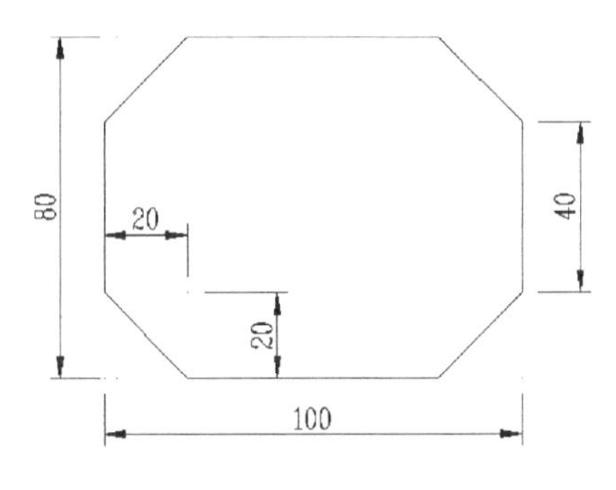


**图 3.9　设置倒角**

**2）宽度(W)**

程序可以设定矩形的线宽。

命令:RECTANG↙

当前矩形模式：　倒角＝10.0000×10.0000（解释:对倒角距离的设置为 10/10，程序保留该设置）

指定第一个角点或［倒角(C)/标高(E)/圆角(F)/厚度(T)/宽度(W)］: W↙（解释:输入“W”以设置圆角）

指定矩形的线宽〈0.000〉:输入 3↙（解释:输入 3mm 的线宽）

用户可以参照图 3.10，继续进行下面的输入。

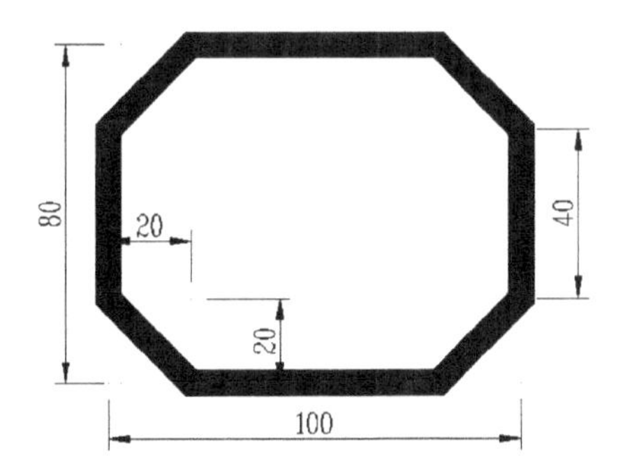


**图 3.10　在倒角的基础上设置线宽**

需要指出的是，程序将继续采用所进行的设置，如果需要取消，将倒角、圆角以及宽度设置为“0”即可。用户使用命令时，需要观察命令行中“当前矩形模式”所显示的内容。

## 3.3 基本绘图 3——POLYGON 命令

POLYGON 可用来创建等边闭合多段线，包括内接多边形、外接多边形等。

调用该命令的方法如下。

①下拉菜单：【绘图】|【多边形】命令。

②工具栏：【绘图】| ⬠按钮。

③命令行：POLYGON。

### 3.3.1 内接多边形

命令：POLYGON 输入侧面数〈4〉：6 ↙（解释：输入“6”以绘制正六边形）

指定正多边形的中心点或［边(E)］：（解释：在当前窗口，使用鼠标左键定点）

输入选项［内接于圆(I)/外切于圆(C)］〈I〉：I ↙（解释：输入“6”以绘制内接于圆的多边形）

指定圆的半径：30 ↙（解释：输入“30”作为半径）

执行结果如图 3.11 所示。

### 3.3.2 外切多边形

命令：POLYGON 输入侧面数〈6〉：↙（解释：程序采用刚才的设置，直接按下“Enter”键即可）

指定正多边形的中心点或［边(E)］：（解释：在当前窗口，使用鼠标左键定点）

输入选项［内接于圆(I)/外切于圆(C)］〈I〉：C ↙（解释：输入“C”以绘制外切于圆的多边形）

指定圆的半径：30 ↙（解释：输入圆的半径）

执行结果如图3.12所示。

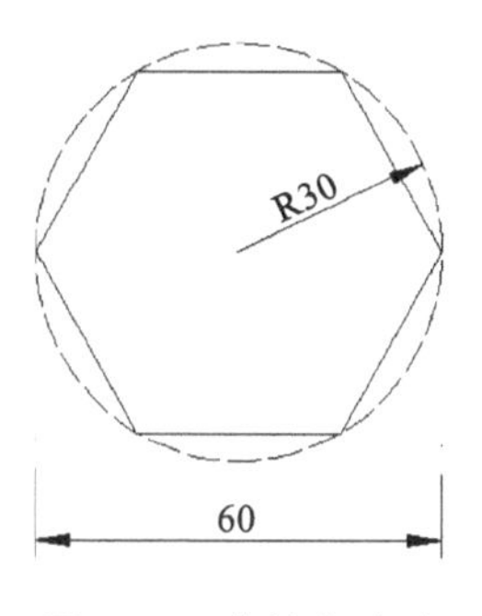


图3.11　内接多边形

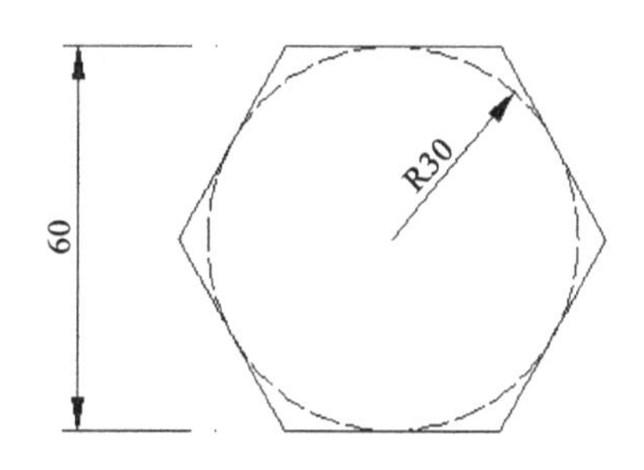


图3.12　外切多边形

## 3.4　基本绘图4——PLINE命令

PLINE可以创建二维多段线，包括创建直线段、圆弧段或者二者的组合线段。调用该命令的方法如下。

①下拉菜单：【绘图】|【多线段】命令。

②工具栏：【绘图】| 按钮。

③命令行：PLINE或PL。

命令执行过程如下。

命令：PL↙(解释：命令行中简化输入"PL")

指定起点：(解释：鼠标指定第1点)

当前线宽为0.0000(解释：当前宽度属性)

指定下一个点或[圆弧(A)/半宽(H)/长度(L)/放弃(U)/宽度(W)]：W↙(解释：输入"W"以设置宽度)

指定起点宽度〈0.0000〉：3↙(解释：起点宽度为3 mm)

指定端点宽度〈3.0000〉：6↙(解释：端点宽度为3 mm)

指定下一个点或[圆弧(A)/半宽(H)/长度(L)/放弃(U)/宽度(W)]：@50,0(解释：采用相对直角坐标系输入)

执行结果如图3.13所示。

用户也可以将宽度设置为等宽模式，即起点和端点采用相同的宽度，如图3.14所示。

也可以输入“H”，然后输入线段半宽，效果同上，不再赘述。

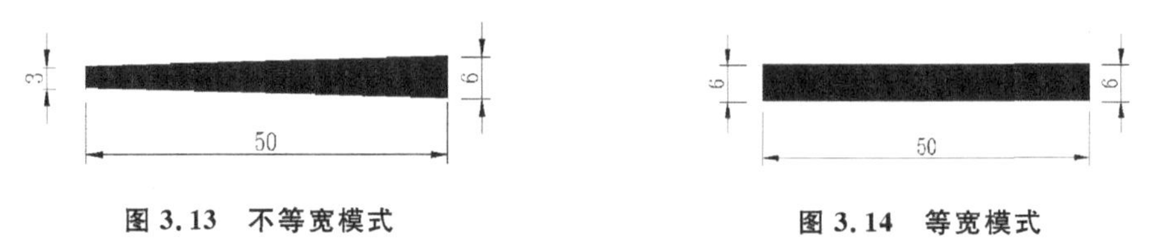


图 3.13 不等宽模式　　图 3.14 等宽模式

通过控制起点和端点的宽度，可以绘制箭头，如图 3.15 所示。

除绘制直线段，用户还可以绘制带有宽度属性的圆弧，如图 3.16 所示。

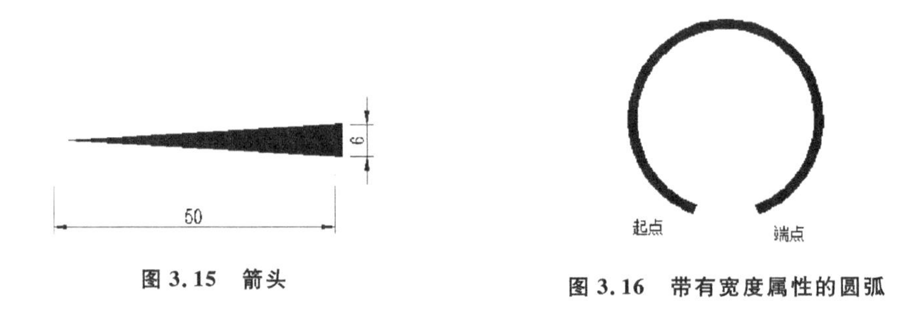


图 3.15 箭头　　图 3.16 带有宽度属性的圆弧

## 3.5 基本绘图 5——POINT 命令

程序提供绘制单点、多点、定数等分和定距等分的功能。

**1) 单点/多点**

使用单点或者多点命令时，需要注意对点样式的设置，其操作过程如图 3.17 所示，选择“⊠”。

调用该命令的方法如下。

①下拉菜单:【绘图】|【点】|【单点】/【多点】。

②命令行:POINT 或 PO。

命令执行过程如下。

命令:POINT(解释:命令行中简化输入命令，或者输入“PO”)

当前点模式：　PDMODE＝35　PDSIZE＝0.0000(解释:依照图

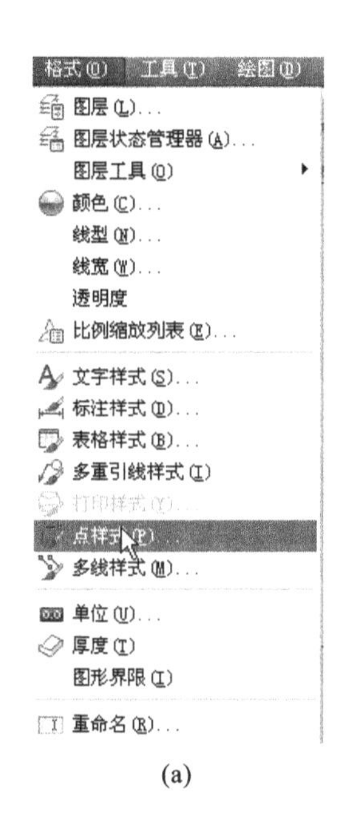


(a)

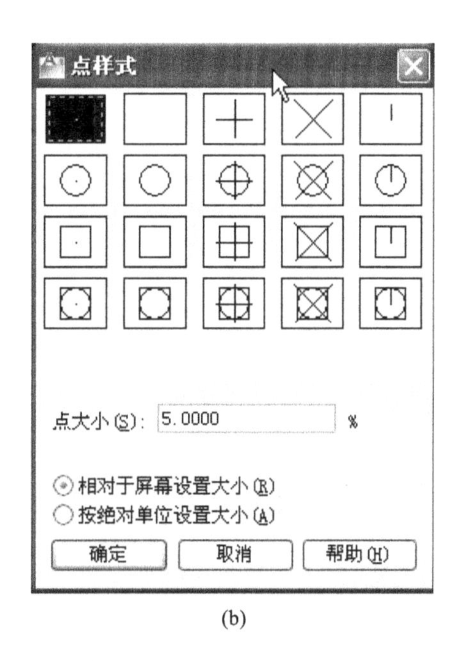


(b)

**图 3.17 设置点样式**

(a)在【标准工具栏】|【工具】|【点样式】;(b)选择合适的点样式

3.17 进行设置,并选择)

指定点:(解释:用鼠标或者键盘进行输入,单点和多点的差别在于指定点功能可执行一次或多次)

执行结果如图 3.18 所示。

**2) 定数等分**

定数等分是将选定对象按指定数目等分,所得各部分长度相等,并将等分点或图块标记在所选对象上。

调用该命令的方法如下。

①下拉菜单:【绘图】|【点】|【定数等分】命令。

②命令行:DIVIDE 或 DIV。

命令执行过程如下。

命令: DIVIDE(解释:命令行中简化输入命令,或者输入“DIV”)

选择要定数等分的对象(解释:选择图 3.19 中的斜线)

输入线段数目或 [块(B)]: 6↙(解释:等分成 6 段)

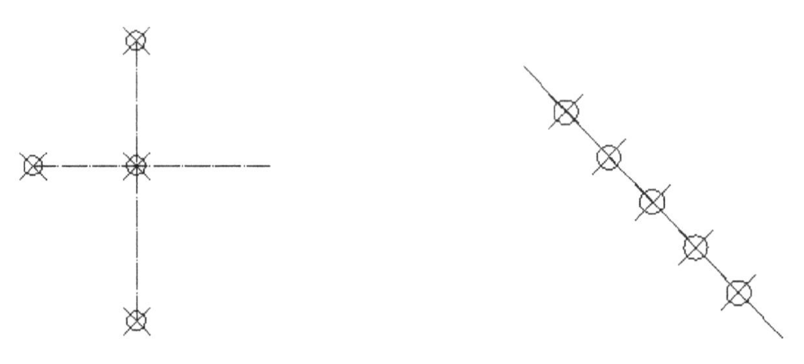

图 3.18　利用鼠标指定点

图 3.19　定数等分

## 3.6　基本绘图 6——DONUT 命令

**1）绘制圆环**

圆环是由两个同心的圆形组成的，所以构成圆环的主要参数包括圆心、内直径、外直径。启动该命令的方式如下。

①下拉菜单：【绘图】|【圆环】。

②工具栏：默认绘图工具栏中没有，用户可以自己定义。

③命令行：DONUT 或 DO。

命令行提示如下。

命令：DONUT ↙

指定圆环的内径〈0.5000〉：10 ↙（解释：内径为 10 mm）

指定圆环的外径〈1.0000〉：30（解释：内径为 30 mm）

指定圆环的中心点或〈退出〉：（指定完成后单击右键或者回车结束）。

执行结果如图 3.20(a)所示。

内径设置为 0、外径设置为 30 的结果如图 3.20(b)所示。

**2）【显示性能】的设置**

为提高显示效率，程序为用户提供是否填充图案、二维实体以及宽度多段线。

执行过程如下。

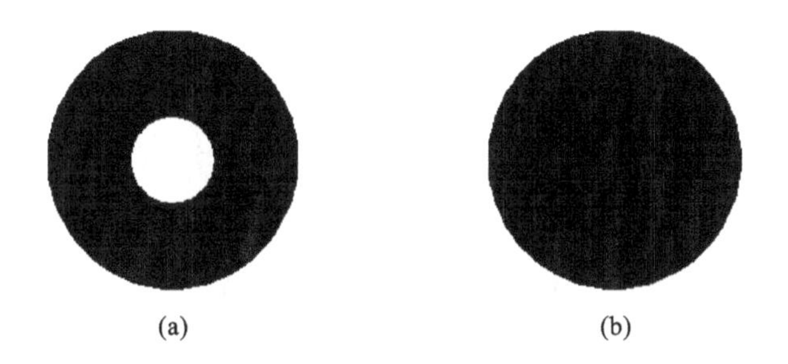


**图 3.20 圆环**

(a)内径为 10、外径为 30;(b)内径为 0、外径为 30

①在【标准工具栏】|【工具】|【选项】进行调整,如图 3.21 所示。

②在图 3.21 中选择选项卡【显示】,并在【显示性能】中将【应用实体填充】前的"√"取消。

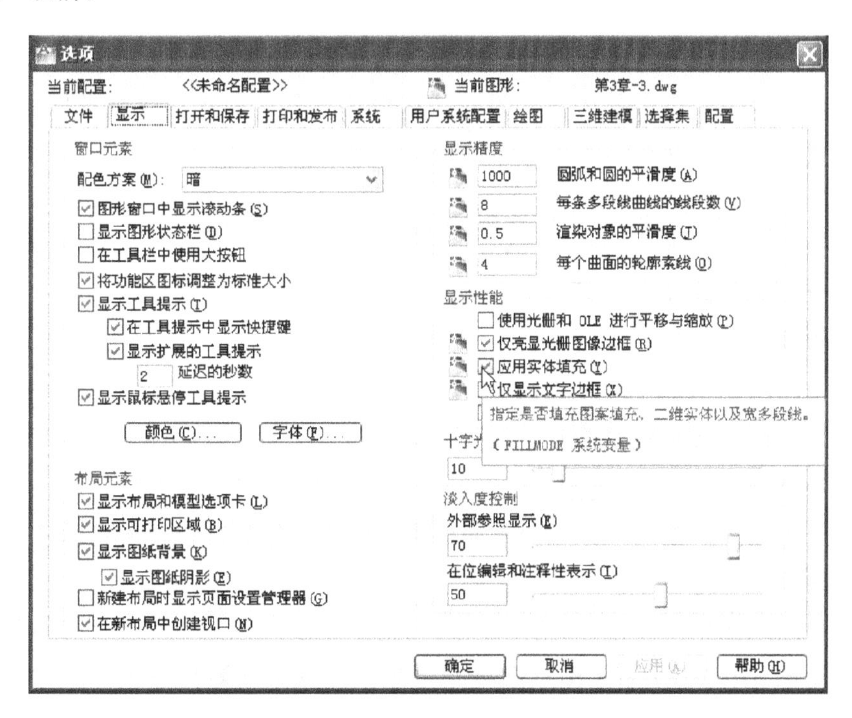


**图 3.21 【显示性能】的调整**

③在【标准工具栏】|【重生成】,效果如图 3.22 所示。

取消上述显示需要将【显示性能】设置为使用模式,并再次执行【重生成】。

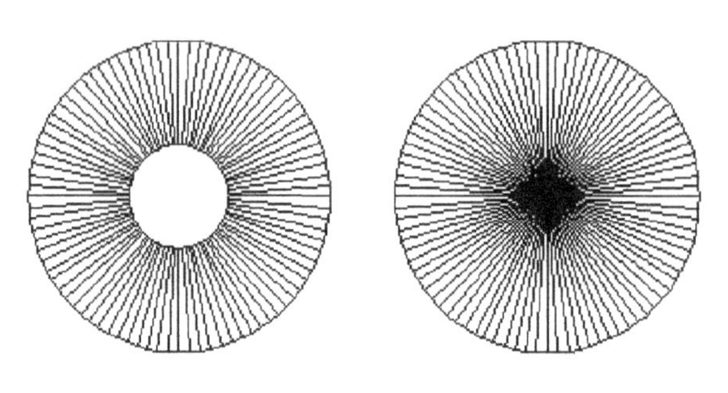

图 3.22　显示效果

## 3.7　基本绘图 7——HATCH 命令

在土木工程专业绘图的过程中，各种图形实体或在材质上、或在外观上、或在表面的纹理与颜色上具有明显的区别。为了很好地表示这些区别，可以使用图案填充和渐变填充命令在一封闭的区域内填充各种简单或复杂的图案，比如建筑制图中表示混凝土的剖面、表示砖的剖面等。

### 3.7.1　样例、角度、比例和图案填充原点

**1) 矩形内部进行填充，图案为 SOLID**

启动该命令的方式如下。

①下拉菜单:【绘图】|【图案填充】。

②工具栏:【绘图】| 按钮。

③命令行:HATCH 或 H。

程序将弹出如图 3.23 所示的【图案填充和渐变色】对话框，所有的操作可根据该对话框中的提示进行。

(1) 选择边界

在图 3.23(a)中采用鼠标点击右侧边界区的“【添加】:拾取点”，通过在封闭区域的内部鼠标点击确定填充边界，如图 3.23(b)和图 3.24(b)所示。

(2) 选择样例

鼠标单击【样例】下拉列表框，如图 3.23(c)所示。程序弹出【填充图案选项板】，如图 3.23(d)所示，选择“SOLID”样例。

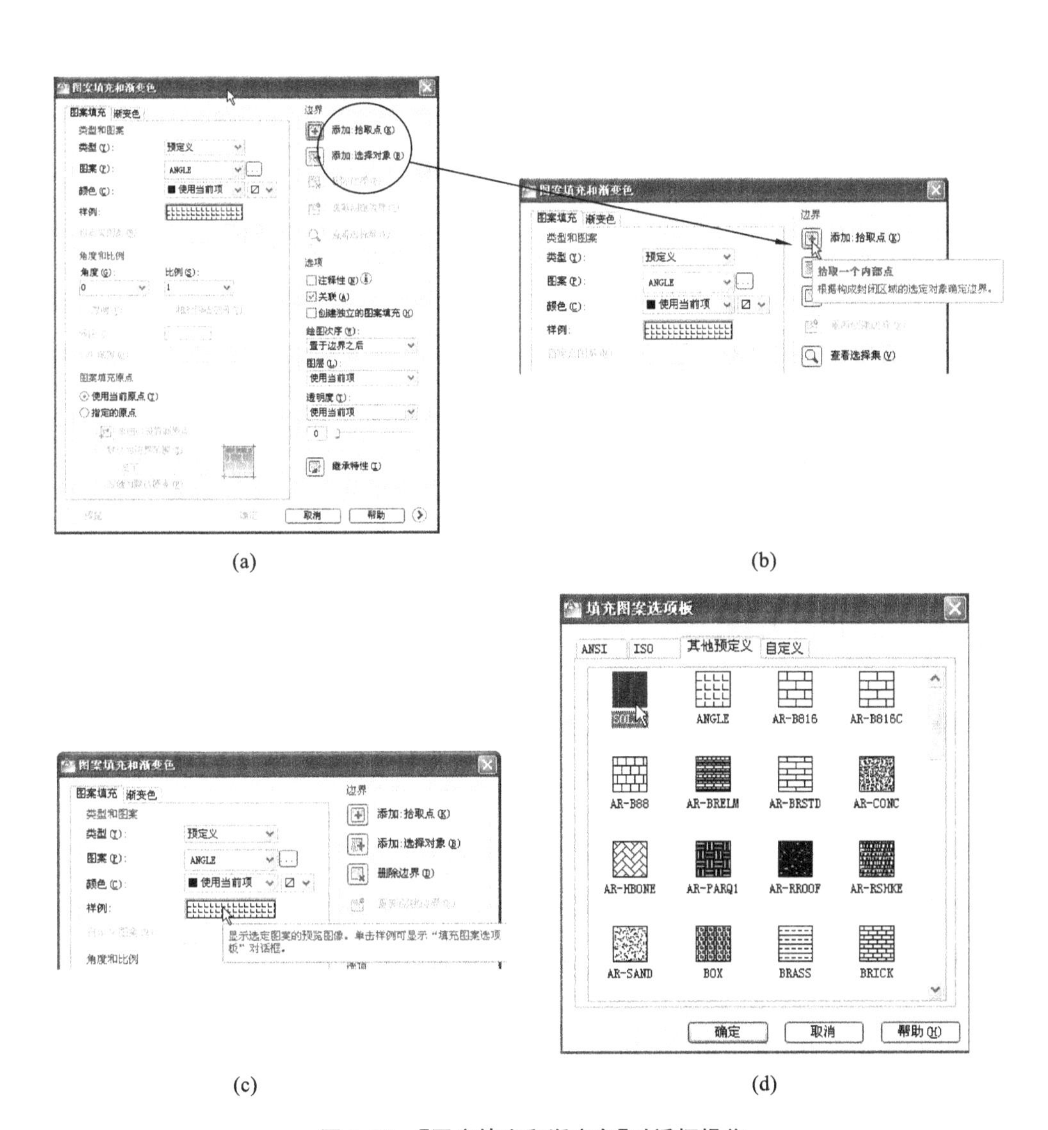


**图 3.23 【图案填充和渐变色】对话框操作**

(a)【图案填充和渐变色】对话框；(b)采用拾取点的方式选择封闭边界；(c)选择样例；(d)选择"SOLID"

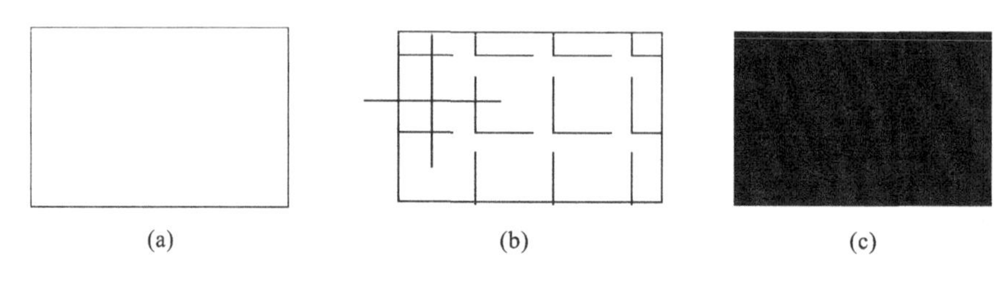


**图 3.24 图案填充过程**

(a)矩形框;(b)采用拾取点进行填充;(c)填充效果

**2) 填充图案为 ANGLE、角度、比例和图案填充原点**

对于 ANGEL、AR-B816 等图案,填充时还应该注意角度、比例和填充原点的影响。所谓角度,是指选定的填充图案和当前"UCS"坐标系的 X 轴的夹角。比例是指放大或缩小预定义或自定义图案。在某些情况下,可能由于比例过小而无法看清填充图案,也可能由于填充图案或填充区域过小,无法看到完整的填充图案。图案填充原点是指控制填充图案生成的起始位置。某些图案填充需要与图案填充边界上的一点对齐。在默认情况下,所有图案填充原点都对应于当前的 UCS 原点。

图 3.25 演示了样例、角度、比例对填充效果的影响。需要注意的是,图 3.25 中进行的 4 种设置都采用图 3.26(a)所示的设置。

图 3.26 为使用当前原点与指定新原点的过程以及填充效果。

### 3.7.2 填充图案的修改

修改填充对象的方式包括使用【特性】选项板以及再次打开【图案填充和渐变色】两种方式。

**1) 打开对象【特性】选项板**

如图 3.27(a)所示,鼠标左键双击可以打开【特性】选项板。在打开的选项板中可以进行修改,如图 3.27(b)所示;也可以在打开的【图案填充选项板】中进行修改。

**2) 打开【图案填充编辑】对话框**

当前没有任何命令时,鼠标左键单击选择当前图案,然后单击鼠标右键打开快捷菜单,选择【图案填充编辑】命令,可以打开【图案填充编辑】对话框,如图 3.28所示。使用方法同上,不再赘述。

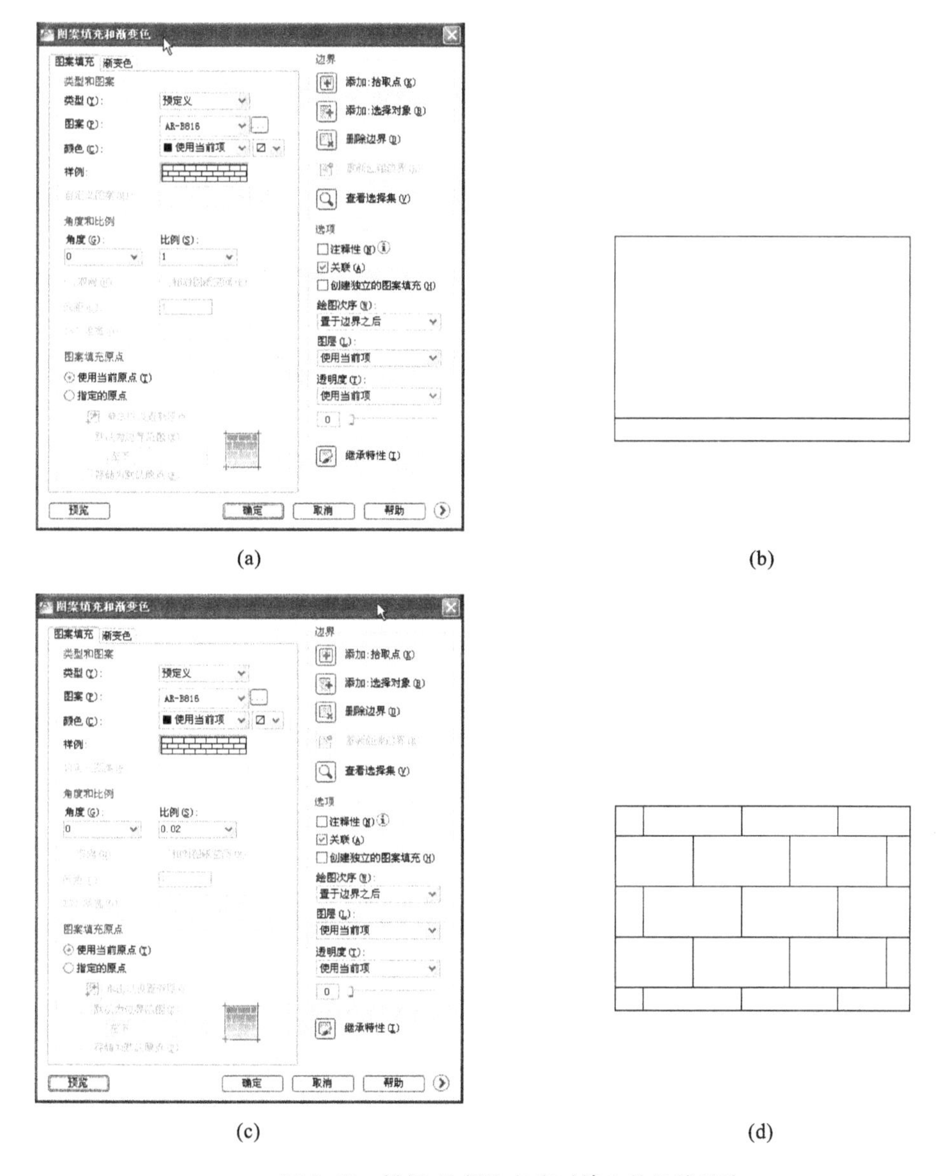


**图 3.25 样例、比例和角度对填充效果的影响**

(a)样例 AR-B816、角度 0、比例 1;(b)填充效果一;(c)样例 AR-B816、角度 0、比例 0.02;
(d)填充效果二;(e)样例 AR-B816、角度 90、比例 0.02;(f)填充效果三;
(g)样例 AR-B816、角度 135、比例 0.02;(h)填充效果四

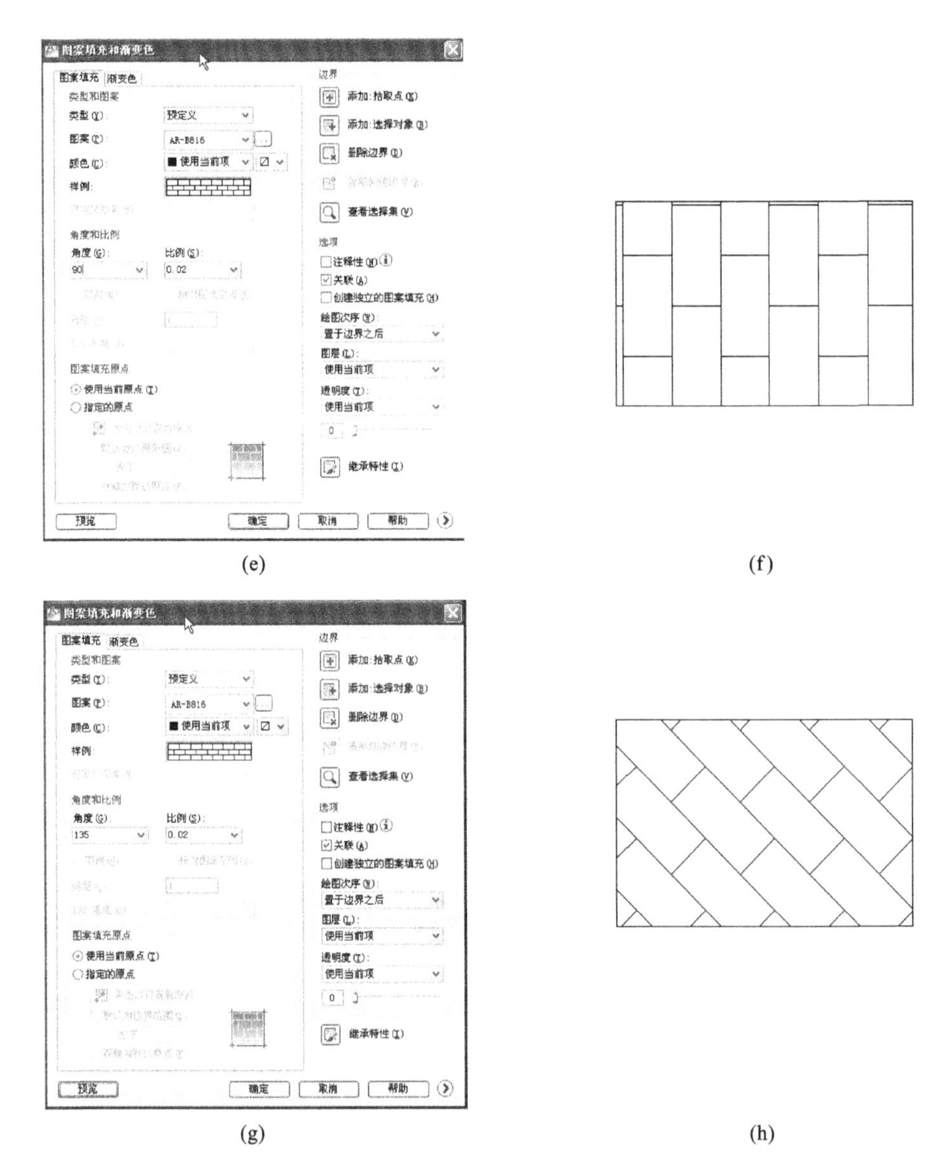
图案填充和渐变色
图案填充
渐变色
类型和图案
类型(Y):
预定义
图案(P):
AR-B816
颜色(C):
使用当前项
样例:
角度和比例
角度(G):
90
比例(S):
0.02
图案填充原点
使用当前原点(T)
指定的原点
边界
添加:拾取点(K)
添加:选择对象(B)
删除边界(D)
查看选择集(V)
选项
注释性(N)
关联(A)
创建独立的图案填充(H)
绘图次序(W):
置于边界之后
图层(L):
使用当前项
透明度(T):
使用当前项
0
继承特性(I)
预览
确定
取消
帮助
(e)
(f)
图案填充和渐变色
图案填充
渐变色
类型和图案
类型(Y):
预定义
图案(P):
AR-B816
颜色(C):
使用当前项
样例:
角度和比例
角度(G):
135
比例(S):
0.02
图案填充原点
使用当前原点(T)
指定的原点
边界
添加:拾取点(K)
添加:选择对象(B)
删除边界(D)
查看选择集(V)
选项
注释性(N)
关联(A)
创建独立的图案填充(H)
绘图次序(W):
置于边界之后
图层(L):
使用当前项
透明度(T):
使用当前项
0
继承特性(I)
预览
确定
取消
帮助
(g)
(h)

**续图 3.25**

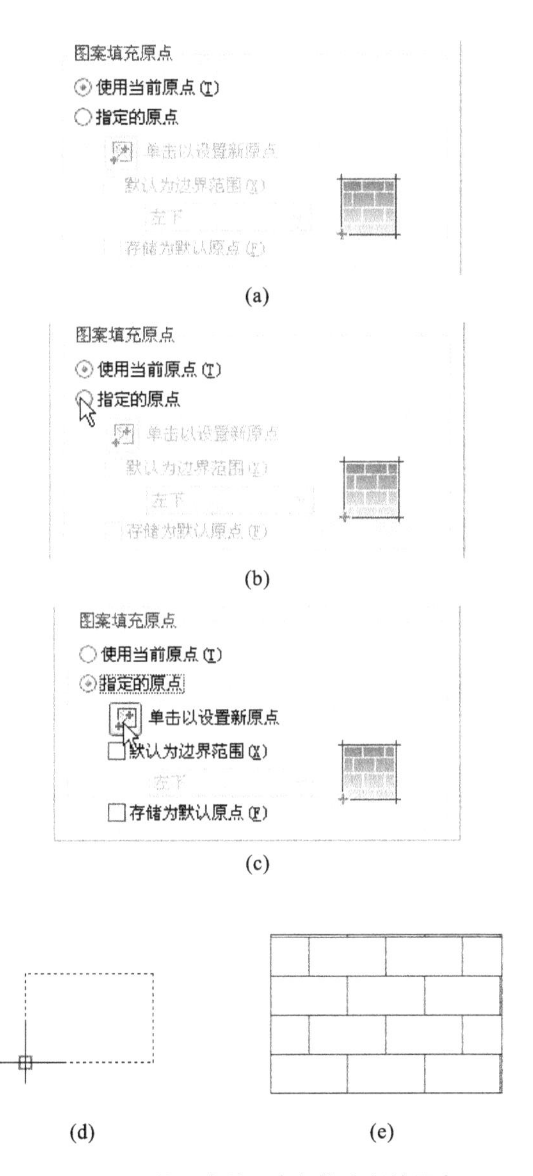


**图 3.26 使用当前原点与指定新的原点**

(a)默认的图案填充原点方式:使用当前原点;(b)指定原点;

(c)采用“单击以设置新原点”的方式;(d)在图形左下角指定新的原点;(e)填充效果

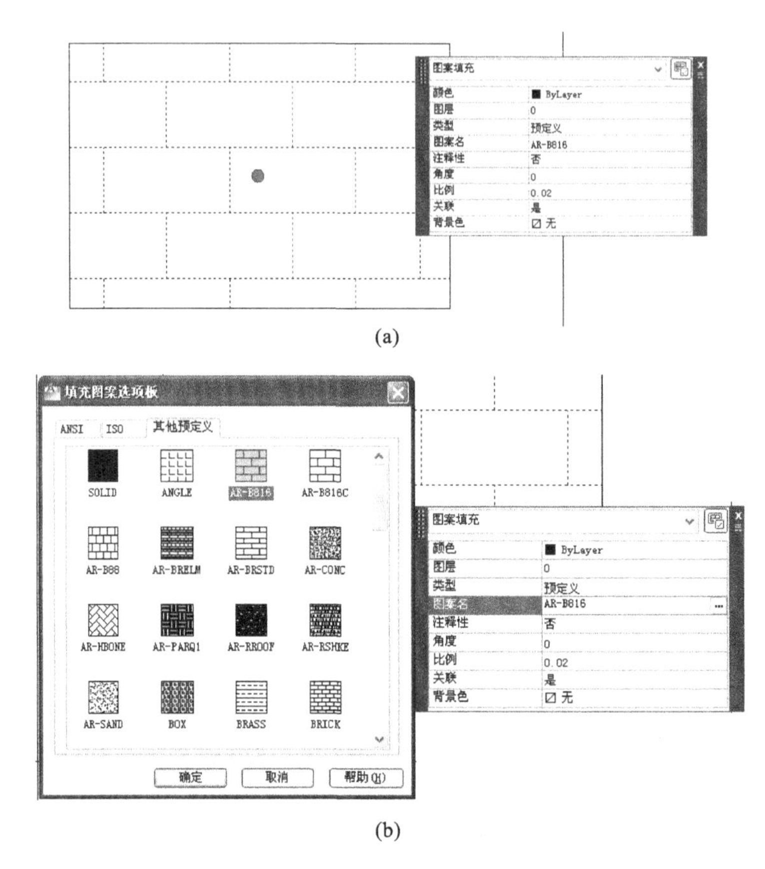


**图 3.27 双击鼠标左键打开对象【特性】选项板**

(a)鼠标左键双击可以打开【特性】选项板;(b)在打开的【图案填充选项板】进行修改

需要注意的是,右键快捷菜单还包括【设定原点】等命令。

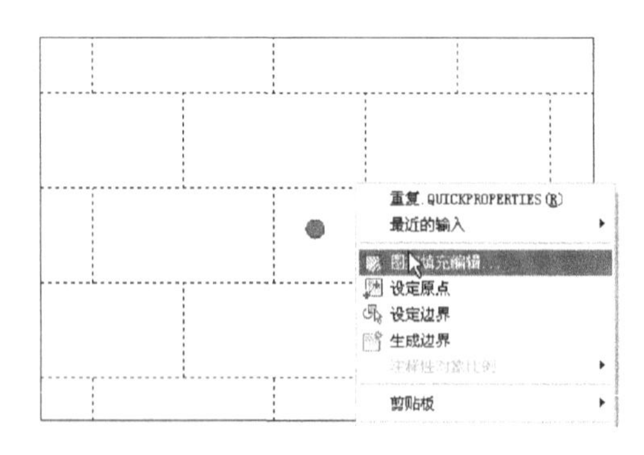


**图 3.28 打开【图案填充编辑】对话框**

**3）夹点编辑**

夹点是 AutoCAD 软件中一种集成编辑模式。夹点包括三种状态，分别为冷态、温态和热态。冷态夹点未激活，呈蓝色；鼠标移动到夹点时，夹点呈绿色，为温态；夹点被激活时，呈红色，为热态。AutoCAD2012 版图案填充的夹点编辑非常灵活。

欲编辑一填充图案，在没有执行任何命令时，鼠标左键单击选择当前图案，可发现当前对象中出现一个蓝色“点”，如图 3.29(a)所示。

移动鼠标至蓝色点中心，可发现该蓝色点的颜色变成暖色，此时出现一个快捷菜单，包括【拉伸】、【原点】、【图案填充角度】和【图案填充比例】四种命令，如图 3.29(b)所示。

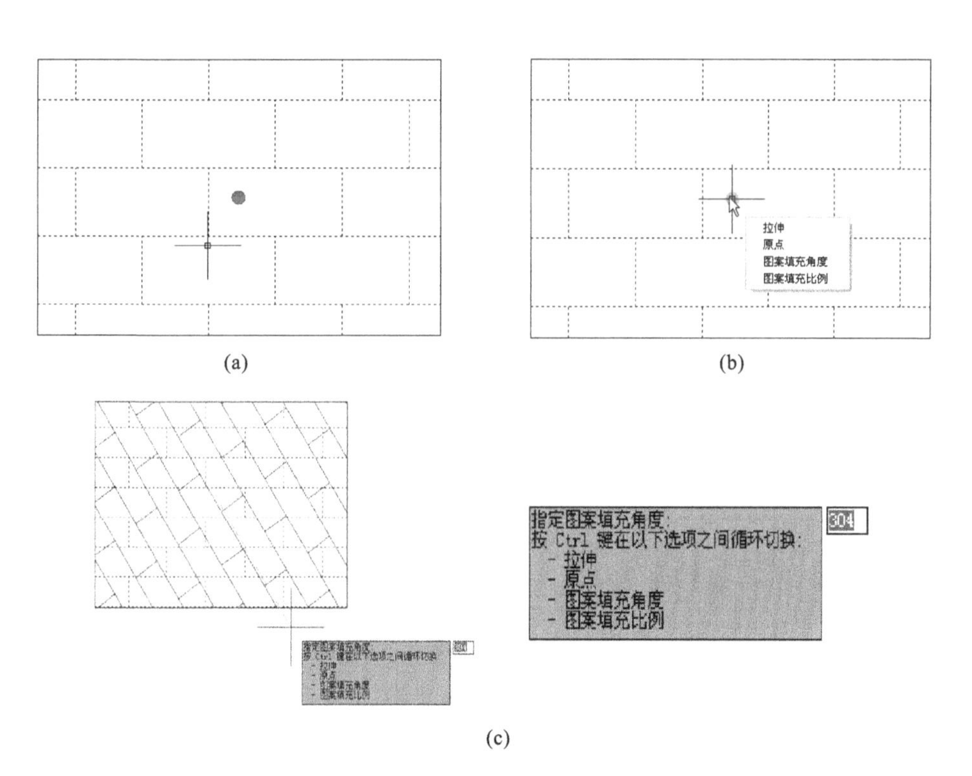


(a)　(b)　(c)

**图 3.29　夹点编辑**

(a)鼠标左键单击欲编辑的对象；(b)选择夹点命令；(c)调整角度

## 3.8 综合练习

用户自行练习绘制图 3.30 所示图例。

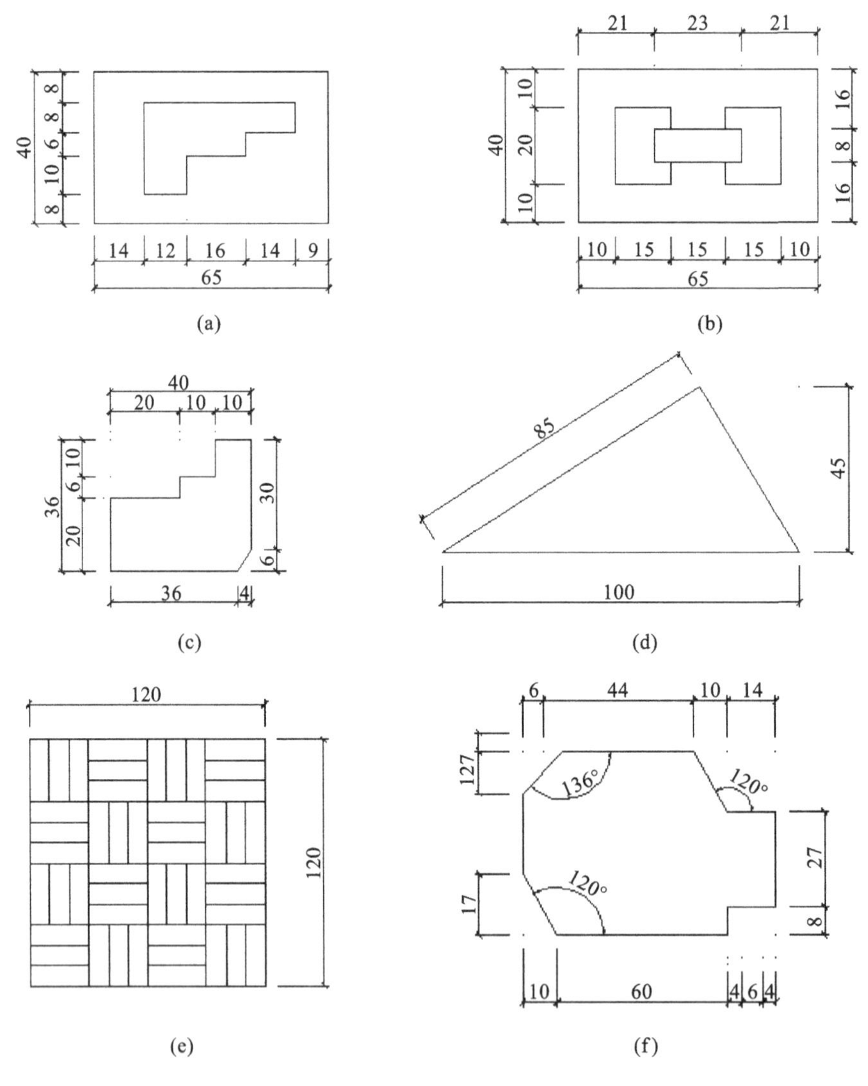


图 3.30 综合练习

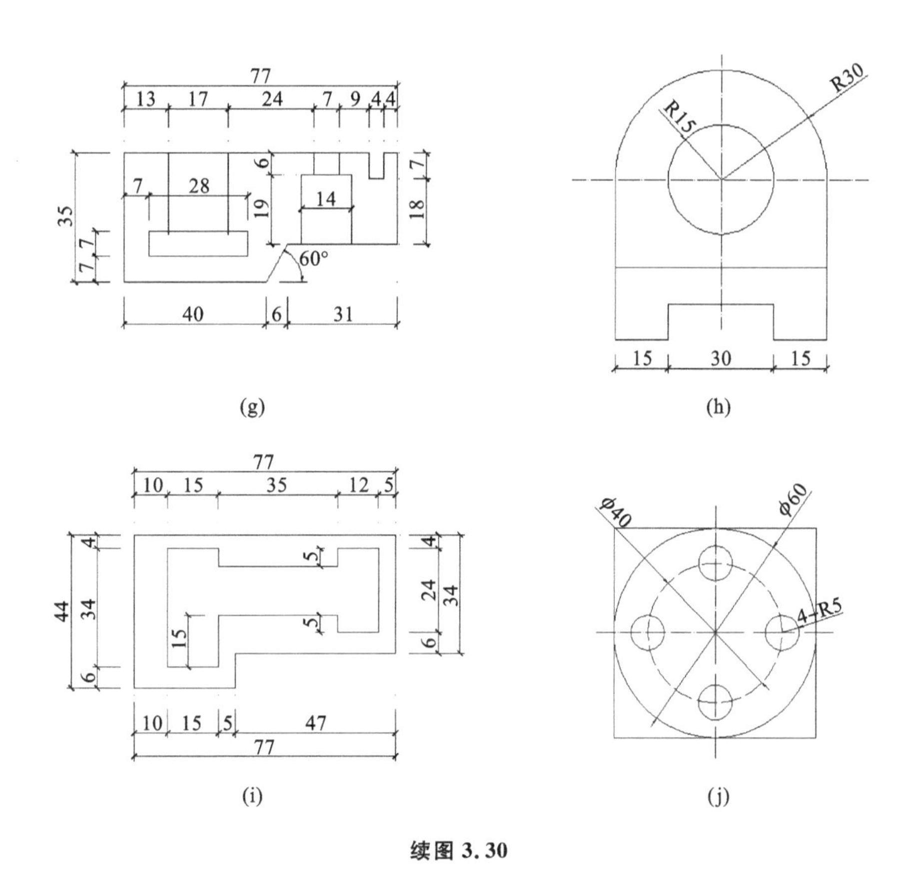


续图 3.30

说明：综合练习用于训练相对直角坐标系、相对极坐标系、LINE、CIRCLE以及其他绘图命令。

# 第4章 编辑图形

**教学要求**

◇ 熟悉图形基本编辑命令，能够进行复杂图形的编辑；

◇ 熟悉命令行的内容和模式，能够根据需要进行调整。

## 4.1 基本编辑1——COPY命令

COPY命令可以执行在指定方向上按指定距离复制对象的操作。

### 4.1.1 修改复制模式

命令:COPY ↙(解释:输入COPY或者CO、CP命令并按下“Enter”键)

当前设置: 复制模式 = 多个(解释:控制命令是否自动重复)

指定基点或[位移(D)/模式(O)]〈位移〉:O ↙(解释:修改复制模式)

输入复制模式选项[单个(S)/多个(M)]〈多个〉:S ↙(解释:“S”为对选定对象进行单次复制)

用户可以直接按下“Enter”键执行“多个(M)”命令，这表示对选定对象进行多重复制。

### 4.1.2 使用COPY命令创建轴网

图4.1为双面走廊房间的轴网，纵向轴网的间距为6000 mm、2400 mm、5100 mm，横向轴网的间距为3600 mm。

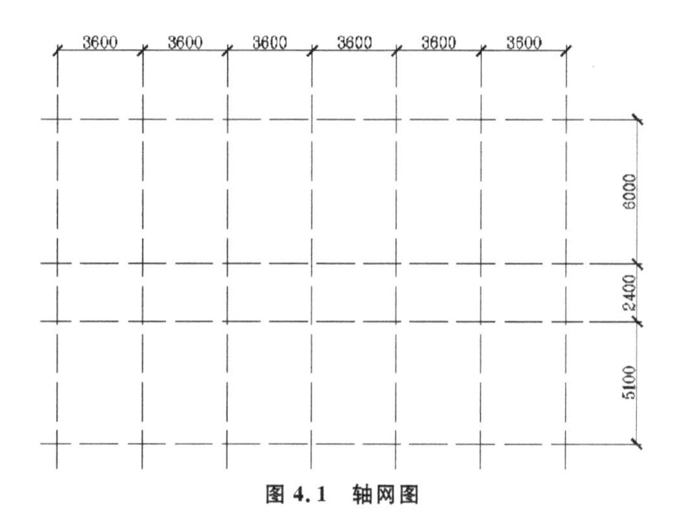


图4.1　轴网图

**1）使用 LINE 命令绘制第1条横向轴线，长度为 13500 mm**

**2）复制第2条**

首先将复制模式设置成单个，命令行显示如下。

指定基点或[位移(D)/模式(O)]〈位移〉：(解释：鼠标选择直线上部的端点作为基点，如图4.2(a)所示；然后鼠标向右拖动，指明复制的方向，如图4.2(b)所示。此时状态栏中【对象捕捉】和【正交】处于打开的模式，可单击鼠标左键进行关闭和打开)

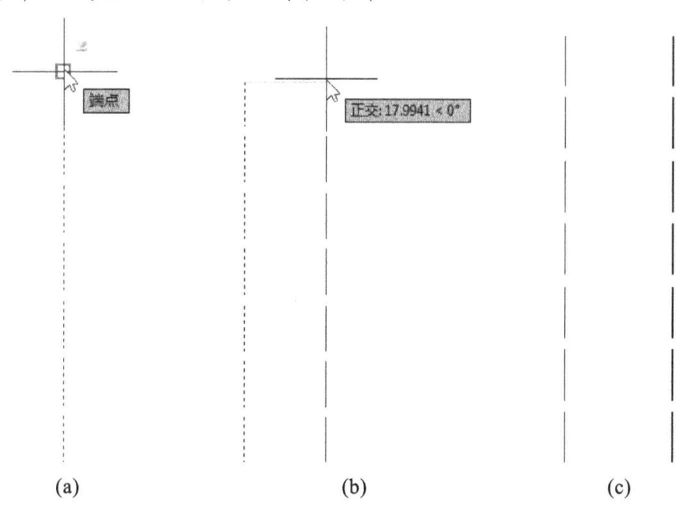


图4.2　复制完成第2条轴线

(a)指定基点；(b)在【正交】模式下向右拖动鼠标；(c)绘制第2条横向轴线

指定第二个点或[阵列(A)]〈使用第一个点作为位移〉：6000 ↙(解释：如图 4.3(c)所示，按下“Enter”键确定该输入)

**3) 利用捕捉端点进行连续复制**

继续在命令行中输入“COPY”，利用指定基点和捕捉直线端点的方式完成图 4.3(a)～(c)，直至完成 7 条横向轴线的绘制，如图 4.3(d)所示。

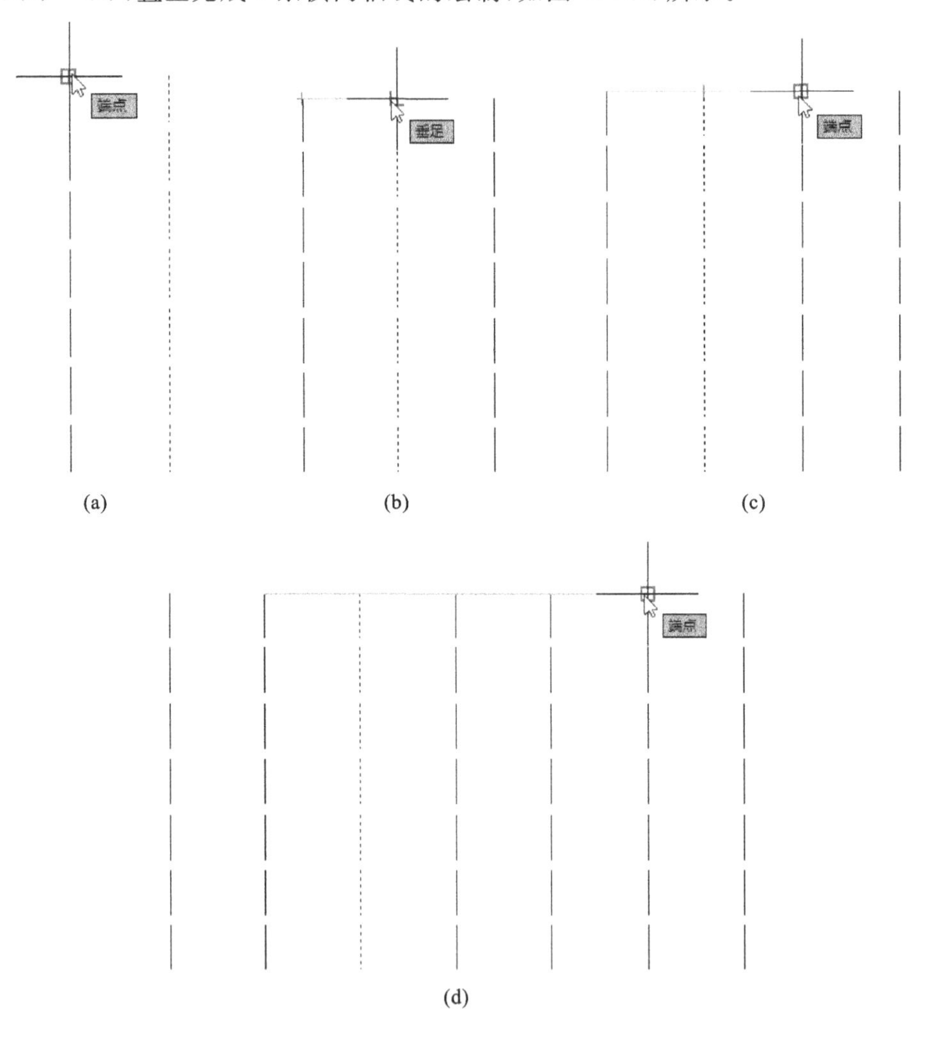


**图 4.3 利用捕捉端点的方式进行复制轴线**

(a)选择第 1 条轴线端点作为基点；(b)利用捕捉绘制第 2 条轴线；(c)同样绘制第 3 条轴线；(d)完成 7 条横向轴线的绘制

纵向轴线的复制可采用同样的方法,不再赘述。

绘制轴网的方法比较灵活,用户可以自己去体会并养成自己的绘图习惯。

AutoCAD 软件中经常提示选择“基点”,这是进行移动对象或复制对象等操作时的定位点,便于进行准确的操作。如何选择基点,需要依靠用户自己的经验和习惯。

另外,AutoCAD 软件还包括利用“坐标”方式进行绘图,这是使用坐标指定相对距离和方向进行复制对象。用户在命令行中输入“D”并按下“Enter”键,程序提示“COPY 指定位移〈0.000, 0.000, 0.000〉”。这是程序要求为指定的两点定义一个矢量,指示复制对象的放置离原位置有多远以及按哪个方向放置。

### 4.1.3 使用“阵列(A)”绘制轴网

新版本的 AutoCAD 软件中还包括“阵列(A)”的选项,这个选项可执行指定在线性阵列中排列多个对象的命令。在完成执行“基点”的操作后,程序提示如下。

指定第二个点或[阵列(A)]〈使用第一个点作为位移〉: A ↙(解释:键入 A 并按下“Enter”键)

输入要进行阵列的项目数: 6 ↙(解释:共计 6 条横向轴线,向右拖动鼠标指示方向,如图 4.4 所示。)

指定第二个点或[布满(F)]: 3600 ↙(解释:间距 3600 mm)

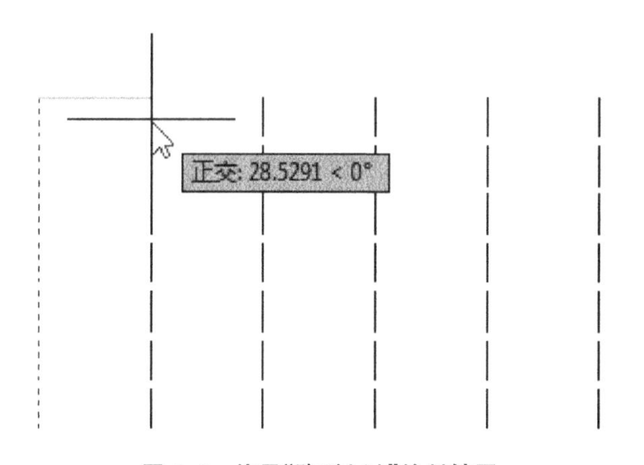


图 4.4 使用“阵列(A)”绘制轴网

命令中还包括“布满(F)”的方式，这是在指定的距离内绘制所有的对象。以上文为例，如果输入选项“F”，程序将在 3600 mm 的范围内完成 6 条轴线的复制。

## 4.2 基本编辑 2——OFFSET 命令

OFFSET 命令可以创建同心圆、平行线和平行曲线。

### 4.2.1 使用 OFFSET 命令创建轴网

OFFSET 可译为偏移，具有与 COPY 命令类似的功能，建立如图 4.1 所示的轴网。

①使用 LINE 绘制第 1 条横向轴线，长度为 13500mm；

②使用 OFFSET 进行对象的偏移。

命令:OFFSET ↙

(当前设置：删除源=否　图层=源　OFFSETGAPTYPE=0 (解释:该命令当前设置)

指定偏移距离或 [通过(T)/删除(E)/图层(L)] 〈通过〉: 3600 ↙ (解释:输入距离)

选择要偏移的对象，或 [退出(E)/放弃(U)] 〈退出〉：(解释:选择对象，如图 4.5(a)所示)

指定要偏移的那一侧上的点，或 [退出(E)/多个(M)/放弃(U)] 〈退出〉:(解释:拖动鼠标指定方向，如图 4.5(b)所示)

选择要偏移的对象，或 [退出(E)/放弃(U)] 〈退出〉:(解释:可继续选择对象，程序默认采用原有的偏移距离)

指定要偏移的那一侧上的点，或 [退出(E)/多个(M)/放弃(U)] 〈退出〉:(解释:如图 4.5(c)所示)

选择要偏移的对象，或 [退出(E)/放弃(U)] 〈退出〉:

需要注意的是，程序中包括“多个(M)”选项(见图 4.6)，应用该选项可使得偏移操作更为简洁。

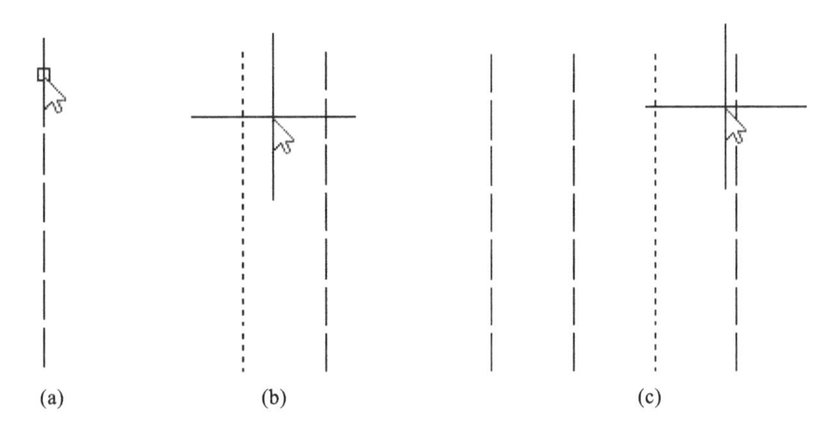


**图4.5 使用OFFSET偏移对象**

(a)指定欲偏移的对象;(b)指定要偏移一侧的点;(c)继续偏移对象

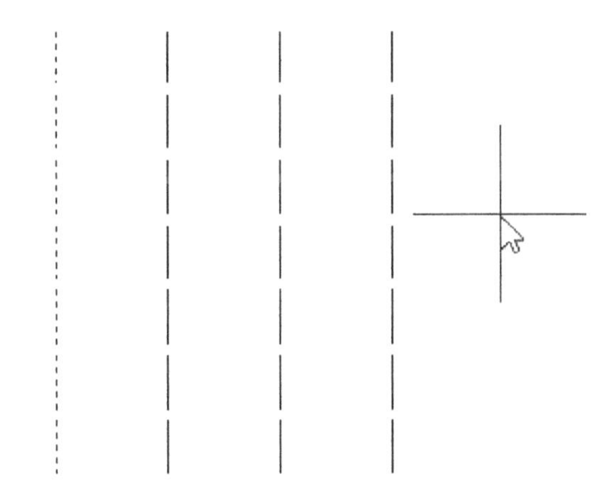

**图4.6 使用“多个(M)”**

### 4.2.2 使用OFFSET命令创建同心圆

使用OFFSET可以创建同心圆、矩形等对象,如图4.7所示。

程序还包括“通过/T”的选项,该选项执行创建通过指定点的对象的功能。

OFFSET命令可以执行与COPY命令相同的操作,但不同的是,OFFSET命令可以执行修改“图层/L”的设置,即输入“L”命令并按下“Enter”键,从而可以将偏移对象创建在当前图层上,这也是COPY命令不具备的功能。

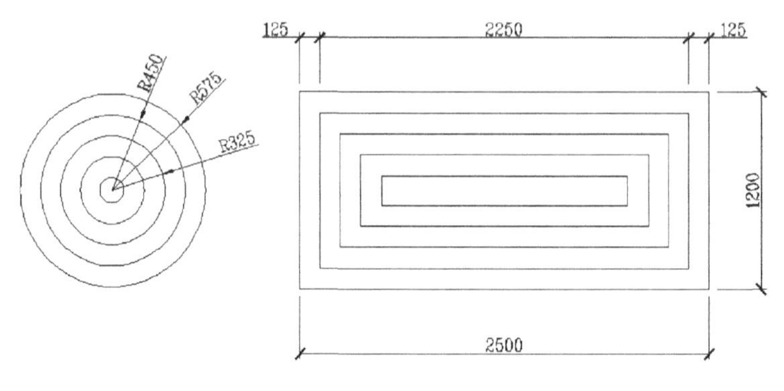


图 4.7 同心圆和矩形

## 4.3 基本编辑 3——MIRROR 命令

MIRROR 命令可创建类似镜中的对象，即二者是对称关系。MIRROR 命令也可以对文字进行镜像，默认情况下，镜像文字对象时不更改文字的方向，如果确实要反转文字，可以在命令行中输入“ MIRRTEXT”以修改系统变量，设置为 1 即可，设置为“0”可保持文字方向，如图 4.8 所示。

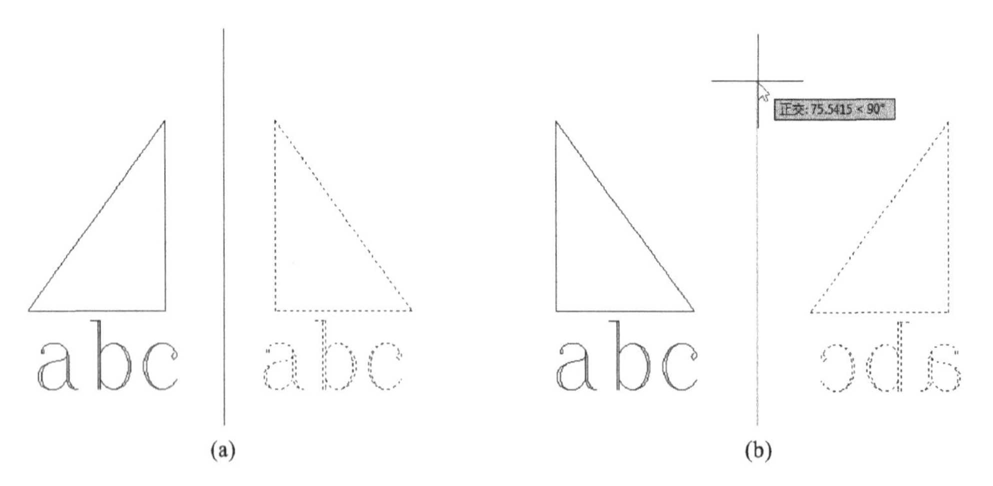


图 4.8 修改 MIRRTEXT 对文字的影响

(a) MIRRTEXT 设置为“0”；(b) MIRRTEXT 设置为“1”

将图 4.9(a)所示的三角形沿直线段进行镜像。

命令： MIRROR ↙

选择对象：指定对角点：找到 3 个（解释：如图 4.9(b)所示，选择 3 条直线组成的对象，按“Enter”键结束）

选择对象：指定镜像线的第一点：指定镜像线的第二点：（解释：如图 4.9 (c)和图 4.9(d)所示，选定镜像线的 2 个端点）

要删除源对象吗？[是(Y)/否(N)]〈N〉：N ↙（解释：确定在镜像后原始对象是删除还是保留）

需要注意的是，程序提示“指定镜像线的第一点：”“指定镜像线的第二点：”并非指的是 1 条确实存在的直线，而是两个点，如图 4.10 所示，并不是真实存在镜像线，而是两个点确定的“镜像线”。

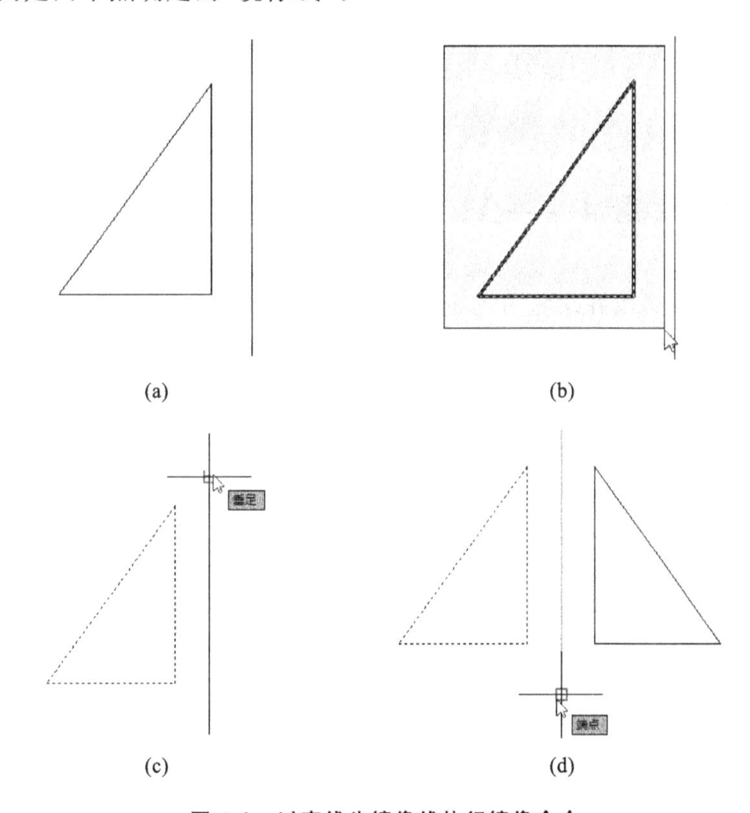

**图 4.9　以直线为镜像线执行镜像命令**

(a)沿直线镜像三角形；(b)选择欲镜像的对象；

(c)指定镜像线第 1 点；(d)指定镜像线第 2 点

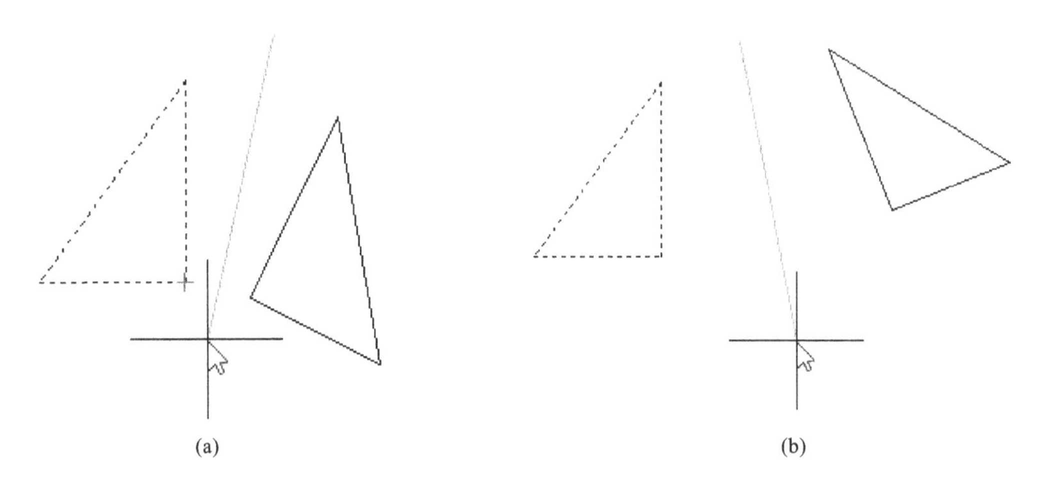


**图 4.10 镜像线的两个端点可调整**

(a)镜像线设置 1;(b)镜像线设置 2

## 4.4 基本编辑 4——MOVE 命令

MOVE 命令可以在指定方向上按指定距离移动对象，用户可以通过坐标、对象捕捉的方式精确移动对象。图 4.11 演示如何使用 MOVE 命令进行精确移动对象。

命令:MOVE ↙

选择对象: 指定对角点: 找到 1 个 (解释:选择圆形)

选择对象:(解释:可以选择多个对象，此时需要按下“Enter”键结束选择对象的操作)

指定基点或 [位移(D)]〈位移〉:(解释:如图 4.11(a)所示，以圆心作为基点，注意使用“对象捕捉”)

指定第二个点或〈使用第一个点作为位移〉: 〈正交关〉(解释:鼠标指定直线的交点，可关掉“正交”以便于操作，如图 4.11(b)所示)

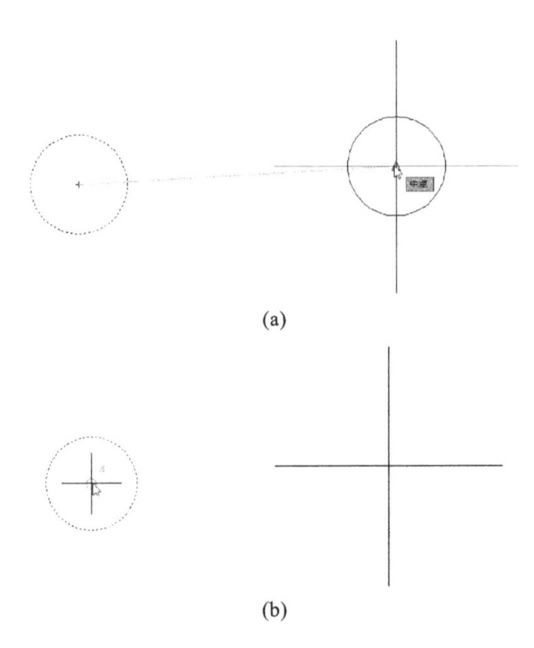

(a)

(b)

**图 4.11　使用 MOVE 命令移动圆**

(a)选择圆心作为基点；(b)移至交点处

## 4.5　基本编辑 5——SCALE 命令

SCALE 命令可以执行放大或缩小选定对象的操作。

### 4.5.1　利用“比例因子”进行缩放

对图 4.12(a)的圆形进行缩小，比例因子为 0.8。

命令：SCALE ↙

选择对象：指定对角点：找到 1 个（解释：选择对象）

选择对象：（解释：程序可同时对多个对象进行缩放，此处仅选择一个，按下“Enter”键表示完成选择）

指定基点：（解释：选择圆心作为缩放的基点）

指定比例因子或 [复制(C)/参照(R)]：0.8 ↙（解释：比例因子设置为 0.8）

SCALE 命令中的“基点”，是程序缩放操作的基点，从而使得对象其他点发生改变。

### 4.5.2 复制(C)

对图 4.12(a)的圆形进行缩放并保持源对象，比例因子为 1.2。

命令：SCALE ↙

选择对象：指定对角点：找到 1 个 ↙

选择对象：↙

指定基点：(解释：指定圆心作为缩放的基点，如图 4.12(b)所示)

指定比例因子或 [复制(C)/参照(R)]：C ↙(解释：设置复制模式)

缩放一组选定对象(解释：程序命令行中的内容)

指定比例因子或 [复制(C)/参照(R)]：1.2 ↙ (解释：如图 4.12(c)所示)

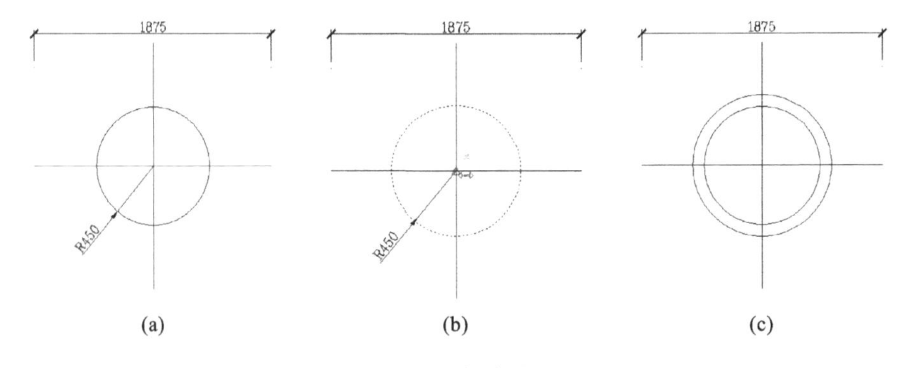


**图 4.12 缩放圆形**

(a)半径为 450 mm；(b)指定圆心为基点；(c)采用复制选项

## 4.6 基本编辑 6——EXTEND 命令

EXTEND 命令可以将对象延伸至指定的边界。

### 4.6.1 延伸对象

将图 4.13 所示的水平线分别延伸并与竖直线相交。

命令:EXTEND ↙

当前设置:投影=UCS,边=延伸 (解释:当前设置)

选择边界的边…

选择对象或〈全部选择〉:指定对角点:找到 1 个 (解释:此处为选择水平线所延伸至的边界,即竖直线)

选择对象:↙(解释:可以选择多个边界,按下“Enter”键表示完成选择对象的操作)

选择要延伸的对象,或按住“ Shift ”键选择要修剪的对象,或

[栏选(F)/窗交(C)/投影(P)/边(E)/放弃(U)]:(解释:如图 4.14 所示,鼠标单击选择对象,同时鼠标选择对象时位于直线的右侧可指定延伸的边界)

图 4.13 延伸对象 1　　图 4.14 指定延伸对象和方向

需要指出的是,选择对象时还需要控制延伸的方向,如图 4.15 所示。延伸边界为圆形,延伸直线段时选择直线段的左侧和右侧会得到不同的结果。

### 4.6.2 设置隐含边

程序在命令行中显示了“当前设置:投影=UCS,边=延伸”以及“[栏选(F)/窗交(C)/投影(P)/边(E)/放弃(U)]”,都包括了“边”的选项。所谓“边”,是指将对象延伸到另一个对象的隐含边,包括延伸和不延伸两种模式。

当命令行显示内容如下时:

选择要延伸的对象,或按住“ Shift” 键选择要修剪的对象,或

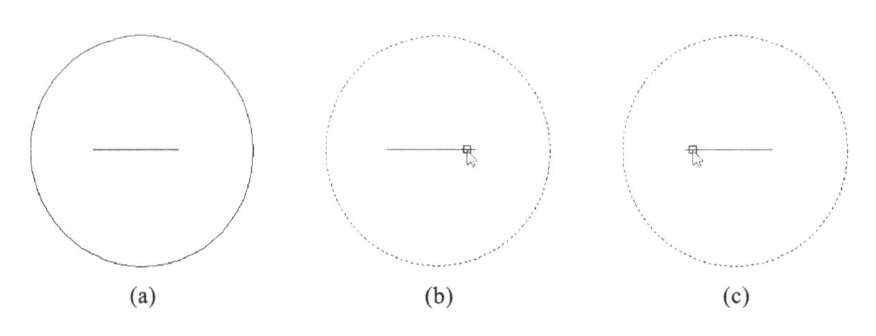


**图 4.15 延伸对象对方向的控制**

(a)原图；(b)指定直线段的右侧；(c)指定直线段的左侧

[栏选(F)/窗交(C)/投影(P)/边(E)/放弃(U)]：E ↙（解释：输入“E”并按下“Enter”键进行设置）

输入隐含边延伸模式 [延伸(E)/不延伸(N)]〈延伸〉：N ↙（解释：选择不延伸模式）

对图 4.16 进行操作，以观察“不延伸”模式的影响。

命令：EXTEND ↙

当前设置：投影＝UCS，边＝无（解释：将“边”已经修改为“不延伸”模式）

选择边界的边...

选择对象或〈全部选择〉：指定对角点：找到 1 个（解释：同时选择三个对象作为边界）

选择对象：↙（解释：结束对象的选择）

选择要延伸的对象，或按住“Shift”键选择要修剪的对象，或

[栏选(F)/窗交(C)/投影(P)/边(E)/放弃(U)]：（解释：鼠标选择第 1 条直线段）

对象未与边相交。（解释：如图 4.17 所示，程序提示对象“对象未与边相交”，这是因当前为“不延伸”模式）

此时，需要将当前的模式修改为“边＝延伸”，可以退出当前工作并对属性进行设置。

### 4.6.3 选择多个边界

可以选择多个边界并对其进行延伸，如图 4.18 所示，同时选择两条竖直线

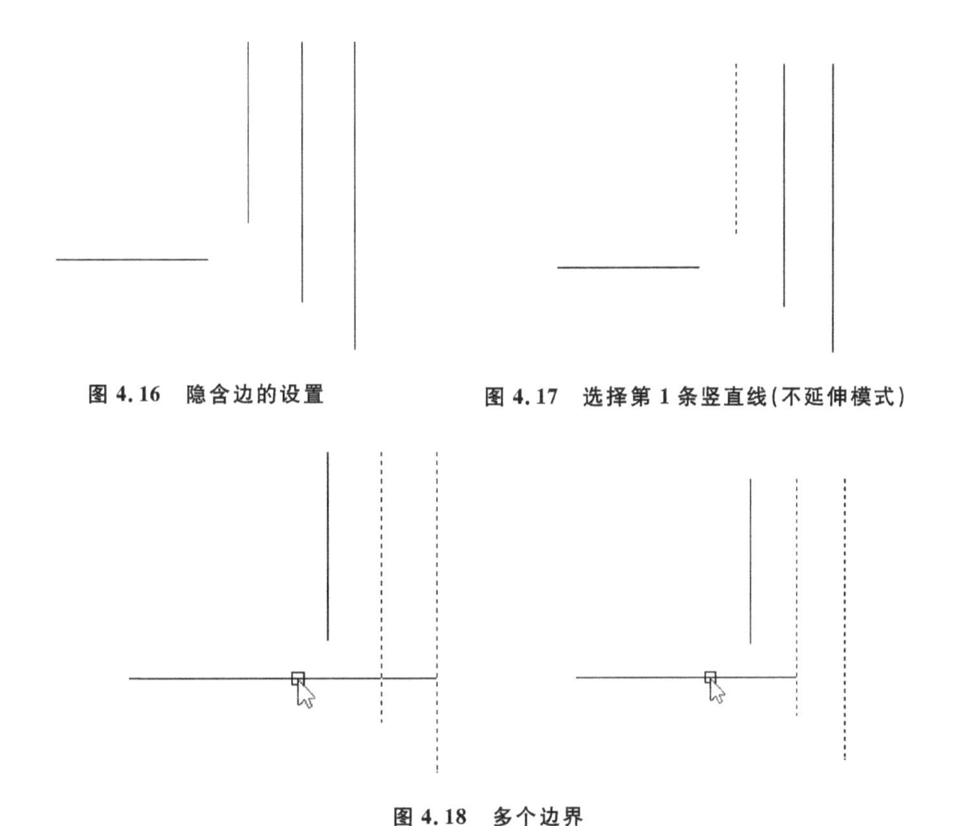

图4.16　隐含边的设置

图4.17　选择第1条竖直线(不延伸模式)

图4.18　多个边界

作为延伸的边界。

用户只需要连接单击水平线即可观察到水平线与两条竖直线逐次相交。

## 4.7　基本编辑7——TRIM命令

TRIM命令具有修剪对象以与其他对象的边相接的功能。

### 4.7.1　简单的修剪操作

将图4.19(a)所示的水平线在竖直线的右侧部分进行修剪。

命令：TRIM ↙

当前设置：投影＝UCS，边＝无（解释：当前属性中，"边"的模式为不延伸模式）

选择剪切边……

选择对象或〈全部选择〉：找到 1 个（解释：如图 4.19(b)所示，选择竖直线作为修剪的边界，类似剪除对象的剪刀）

选择对象：（解释：按下“Enter”键结束对象选择这一操作）

选择要修剪的对象，或按住“ Shift ”键选择要延伸的对象，或

[栏选(F)/窗交(C)/投影(P)/边(E)/删除(R)/放弃(U)]：*（解释：如图 4.19(c)和图 4.19(d)所示，不同的选择方式导致修剪结果不同）

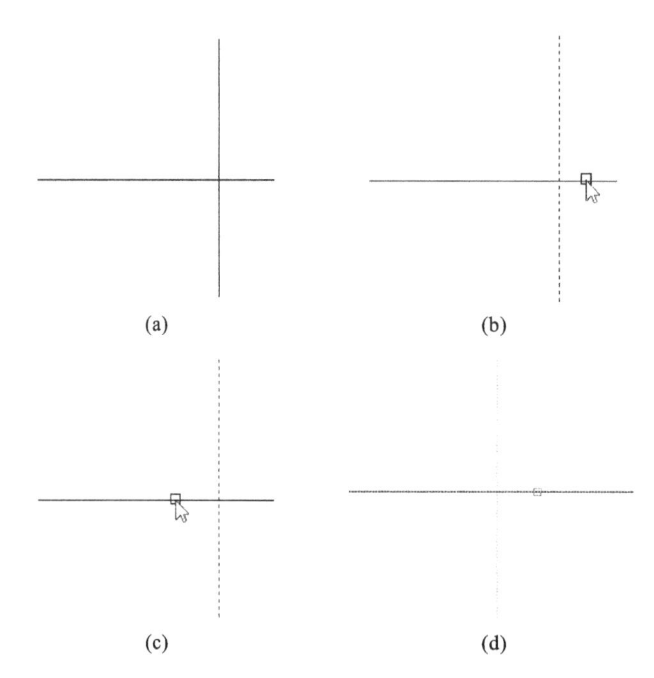


**图 4.19　修剪对象 1**

(a)欲修改的对象；(b)选择修剪的边界；

(c)选择修剪对象的方式 1；(d)选择修剪对象的方式 2

### 4.7.2　同时修剪多个对象

程序提供一次修剪多个对象的操作。如图 4.20(a)所示，欲剪除水平线上部的对象，用户可以首先选择水平线作为修剪的边界，然后采用交叉窗口的方式选择对象，可一次剪除多个对象，如图 4.20(b)和图 4.20(c)所示。

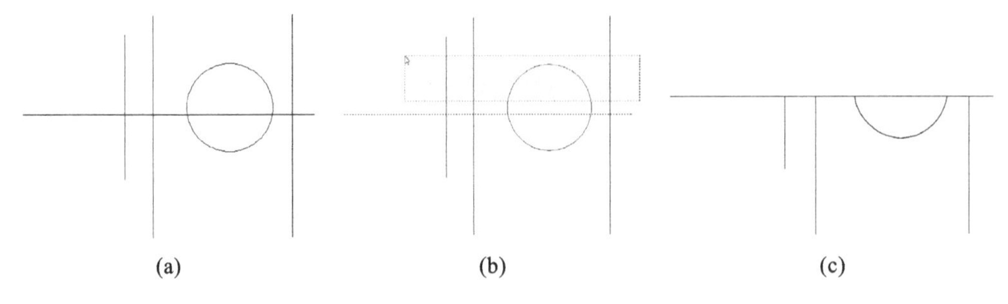


**图4.20　修剪对象2**

(a)欲修改对象;(b)选择修剪对象;(c)修剪结果

需要注意的是,TRIM命令同样包含隐含边的设置,用户需要观察命令行的内容“当前设置,投影＝UCS,边＝无”或“当前设置,投影＝UCS,边＝延伸”是否符合需要,并及时进行修改。

## 4.8　基本编辑8——BREAK命令

BREAK命令具有在两点之间打断选定对象的功能。如果用AutoCAD软件绘制命令,很多时候所出现的图线覆盖、图线是否中断并不是非常重要,但如果需要使用其为结构分析软件创建计算模型,图线是否打断对模型精度的影响至关重要。

### 4.8.1　在两点之间精确打断

对图4.21(a)所示水平线在两条竖直线之间进行打断,分割成3条直线段,图4.21(b)是在当前没有任何命令时用鼠标单击水平线,可以发现该直线有3个蓝色的夹点。

需要指出的是,如果单击【菜单】|【修改】,可以看到菜单包含有 打断(K);而【修改】工具栏中包括和,二者显示分别为打断和打断于点。所谓打断是在两点之间打断选定的对象,而打断于点是在一点打断选定的对象。

操作程序如下。

命令:BREAK(解释:鼠标单击工具栏【修改】|,在两点之间打断对象)

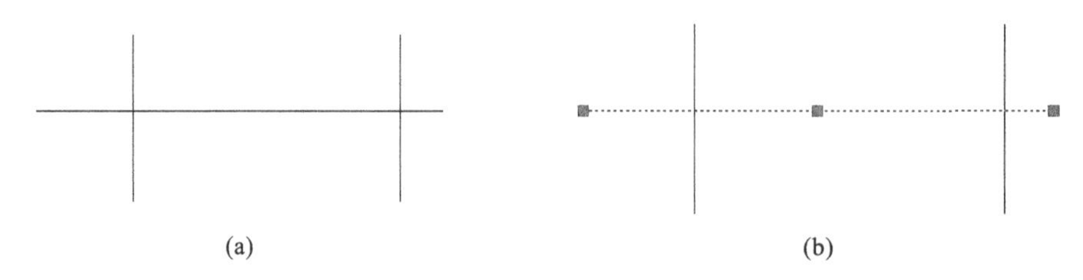

**图 4.21　三条相交的直线段**

(a)欲修改对象;(b)单击水平线

选择对象:(解释:鼠标选择对对象,如图 4.21(a)所示)

指定第二个打断点 或 [第一点(F)]:(解释:默认操作为“指定第二个打断点”,如图 4.22(b)所示)

结果如图 4.22(c)所示,第 2 个打断点通过软件的对象捕捉可定点于竖直线与水平线的交点,而第 1 个打断点即为选择对象时的位置,因此,该方法未实现精确打断的操作。

此时,应该在软件要求“指定第二个打断点 或 [第一点(F)]:”时进行设置,过程如下。

指定第二个打断点 或 [第一点(F)]: F ↙(解释:重新指定第 1 个打断点)

指定第一个打断点:(解释:如图 4.22(d)所示)

指定第二个打断点:(解释:如图 4.22(e)所示)

结果如图 4.22(f)所示。

### 4.8.2　打断于点

工具栏【修改】|⌐|按钮的命令可执行在一点打断对象的命令。

对图 4.23(a)所示的对象进行在一点处打断。

命令: BREAK (解释:使用鼠标单击工具栏中的⌐|按钮)

选择对象:(解释:选择水平线,如图 4.23(b)所示)

指定第二个打断点 或 [第一点(F)]: F (解释:程序自动设置)

指定第一个打断点:(解释:指定第 1 个打断点,如图 4.23(c)所示)

指定第二个打断点: @ (解释:程序自动设置)

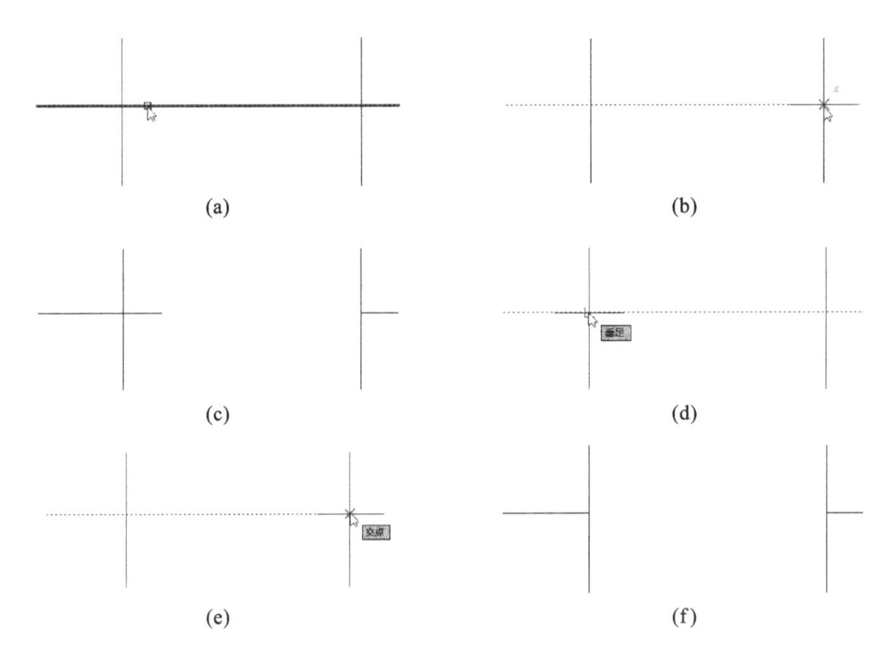


**图 4.22 在两点之间打断**

(a)选择打断对象;(b)指定第二打断点;(c)打断对象结果 1;
(d)精确指定第一打断点;(e)重新指定第二打断点;(f)打断对象结果 2

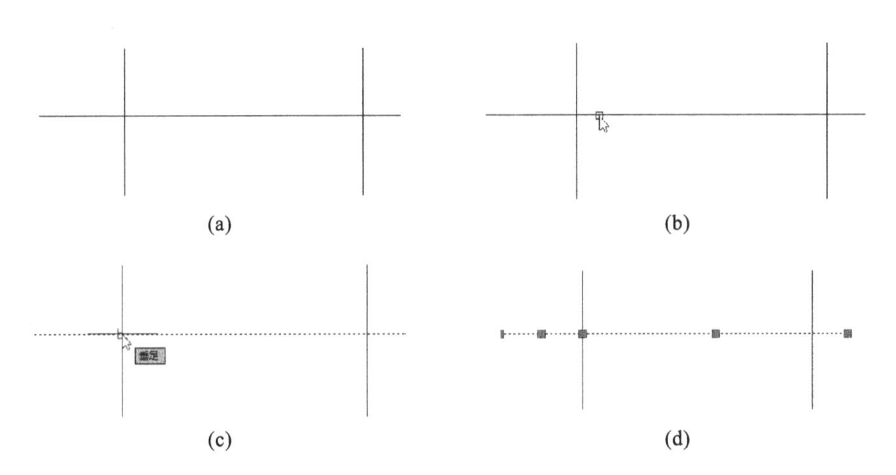


**图 4.23 在一点打断对象**

结果如图 4.23(d)所示。

另外，利用 打断(K) 也可以实现与 相同的功能，用户在输入第 2 点时输入“@0,0”即可。

## 4.9 基本编辑 9——CHAMFER/FILLET 命令

CHAMFER 命令可以给对象加上倒角，而 FILLET 命令可以给对象加上圆角。

### 4.9.1 使用 CHAMFER 进行倒角

对图 4.24(a)中的虚线进行切除，使用 CHAMFER 命令非常方便。

命令：CHAMFER (解释：从修改工具栏单击按钮)

(“修剪”模式)当前倒角距离 1 = 0.0000，距离 2 = 0.0000 (解释：当前倒角距离为“0”，“修剪”模式)

选择第一条直线或 [放弃(U)/多段线(P)/距离(D)/角度(A)/修剪(T)/方式(E)/多个(M)]：D ↙ (解释：设置倒角距离)

指定 第一个 倒角距离 <0.0000>：375 ↙ (解释：设置第 1 个倒角距离)

指定 第二个 倒角距离 <15.0000>：375 ↙ (解释：设置第 2 个倒角距离)

选择第一条直线或 [放弃(U)/多段线(P)/距离(D)/角度(A)/修剪(T)/方式(E)/多个(M)]：(解释：鼠标单击第 1 条直线——水平线，如图 4.24(b)所示)

选择第二条直线，或按住“Shift”键选择直线以应用角点或 [距离(D)/角度(A)/方法(M)] (解释：鼠标单击第 2 条直线——竖直线，如图 4.24(c)所示)

结果如图 4.24(d)所示。

CHAMFER 命令对倒角距离的设置也可以采用不等距离的模式，即在程序要求指定倒角距离时指定不同的距离，如图 4.25 所示。

程序还包括“修剪”的设置，程序提示“选择第一条直线或 [放弃(U)/多段线

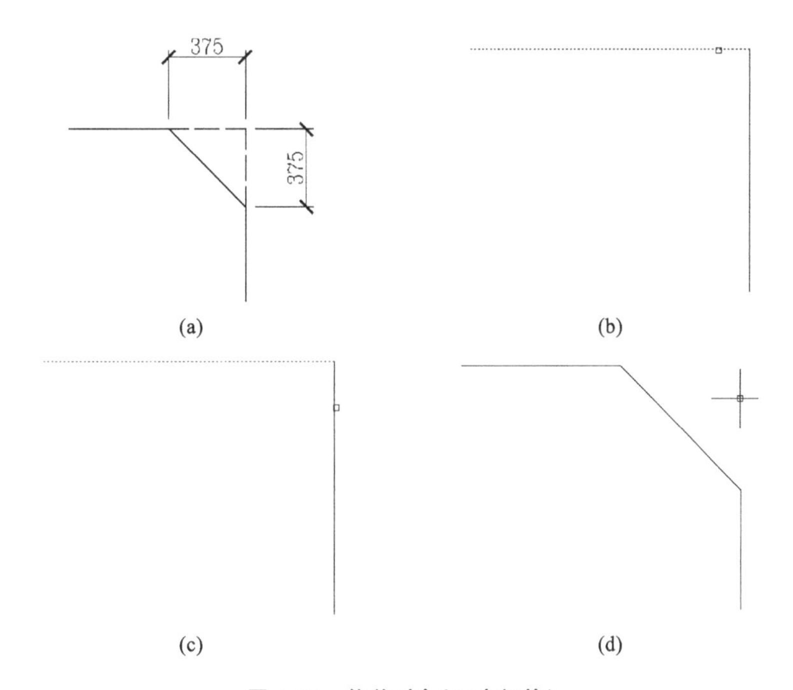


**图 4.24 修剪对象(距离相等)**

(P)/距离(D)/角度(A)/修剪(T)/方式(E)/多个(M)]:",此时,"修剪"用来控制 CHAMFER 是否将选定的边修剪到倒角直线的端点,图 4.26 所示为"不修剪"模式下的效果。

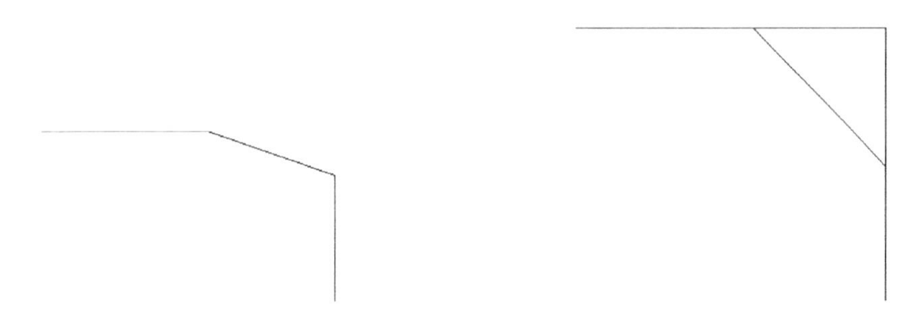

**图 4.25 修剪对象(距离不相等)**　　**图 4.26 修剪对象(不修剪)**

CHAMFER 命令还可以通过"角度"的方式进行修剪,即用第一条线的倒角距离和第二条线的角度设定倒角距离。

### 4.9.2 使用 FILLET 命令进行倒角

对图 4.27(a)中的虚线部分用 1/4 圆代替并切除多余的部分。

命令：FILLET(解释：从修改工具栏单击按钮)

当前设置：模式 = 修剪，半径 = 0.0000 (解释：当前设置)

选择第一个对象或 [放弃(U)/多段线(P)/半径(R)/修剪(T)/多个(M)]：R

指定圆角半径 <0.0000>：375 ↙ (解释：输入半径)

选择第一个对象或 [放弃(U)/多段线(P)/半径(R)/修剪(T)/多个(M)]：(解释：如图 4.27(b)所示)

选择第二个对象，或按住“Shift”键选择对象以应用角点或 [半径(R)]：(解释：如图 4.27(c)所示)

结果如图 4.27(d)所示。

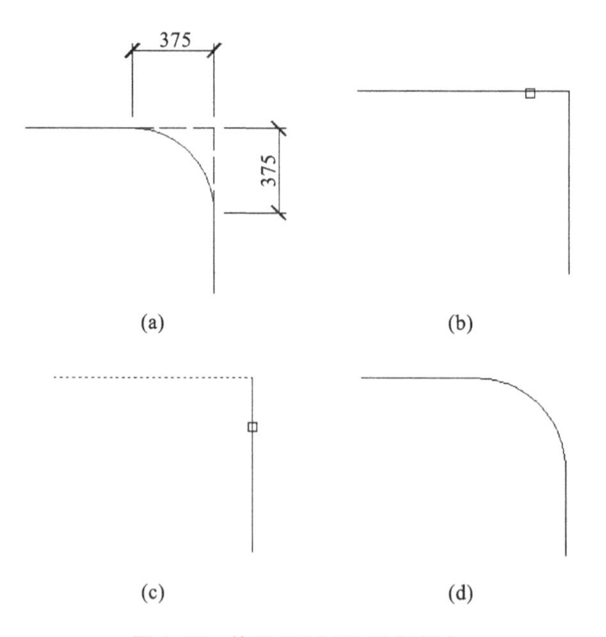


图 4.27 使用 FILLET 进行倒角

FILLET 命令提供“修剪”的选项，用户可以设置为“修剪”和“不修剪”模式。

在执行 FILLET 命令时，半径以及选择对象方式对结果的影响不可忽视，如图 4.28 所示，在半径不同和选择位置不同时会造成不同的结果，如图 4.29 和图 4.30 所示。

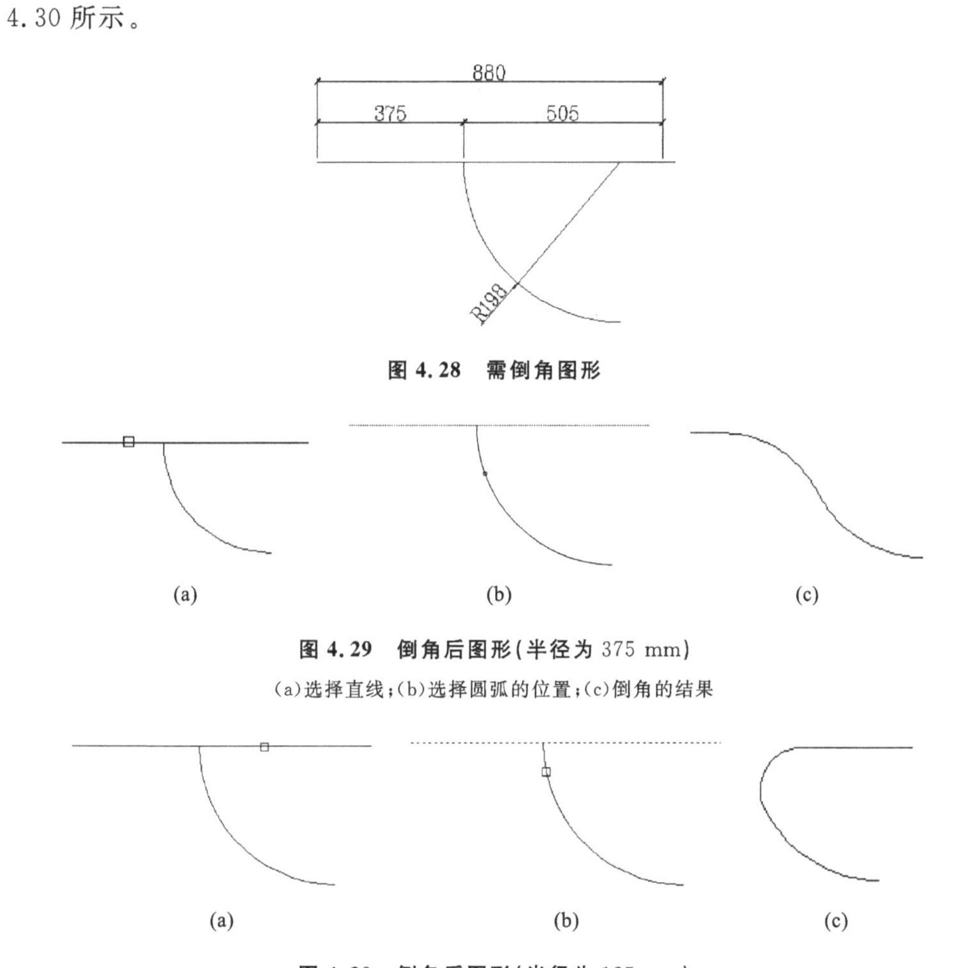


图 4.28　需倒角图形

图 4.29　倒角后图形(半径为 375 mm)

(a)选择直线;(b)选择圆弧的位置;(c)倒角的结果

图 4.30　倒角后图形(半径为 125 mm)

(a)选择直线;(b)选择圆弧的位置;(c)倒角的结果

## 4.10　基本编辑 10——ROTATE 命令

ROTATE 命令可以执行绕基点旋转对象的操作。

对图 4.31(a)所示的水平线绕左端的基点逆时针旋转 15°,程序如下。

命令:ROTATE(解释:鼠标单击修改工具栏中的按钮)

UCS 当前的正角方向: ANGDIR=逆时针 ANGBASE=0(解释:基本属性)

选择对象:指定对角点:找到 1 个(解释:选择对象)

指定旋转角度,或[复制(C)/参照(R)]〈0〉:C ↙(解释:复制模式下旋转对象,可保留源对象)

旋转一组选定对象。

指定旋转角度,或[复制(C)/参照(R)]〈0〉:15 ↙

结果如图 4.31(b)所示。

**图 4.31 ROTATE 对象(复制模式)**

(a)指定基点;(b)旋转并复制

## 4.11 MLINE 命令

MLINE(多线)命令,顾名思义,即一次可以绘制多条相互平行的直线段,这些平行线称为元素。土木工程专业学生在基础训练中,会经常进行墙体的绘制和编辑。绘制墙体可以使用 COPY、OFFSET 等命令实现,使用 MLINE 命令也是可行的措施。

### 4.11.1 创建三线墙——QX240

**1) 创建新的多线样式:QX240**

①菜单:【格式】→【多线】,打开【多线样式】对话框;

②在【多线样式】对话框中单击【新建】按钮,程序以当前多线样式“STANDARD”创建新样式;

③在【创建新的多线样式】对话框中输入“QX240”,基础样式为“STAND-

ARD”；

④单击【继续】按钮进行【新建多线样式：QX240】对话框，如图4.32所示。

**图4.32 创建双线墙——QX240**

如果熟悉命令行输入方式，可键入MLSTYLE并按下“Enter”键打开【多线样式】对话框。

**2）设置QX240的属性**

①在打开的【新建多线样式：QX240】对话框的【图元】选项列表下单击【添加】按钮；

②新增“0”元素，该元素的颜色、线型与原有的模式相同；

③将“0.5”元素的偏移值设置为“120”，将“－0.5”元素的偏移值设置为“－120”；

④将“120”和“－120”元素的颜色和线型设置为“ByLayer”；

⑤将“0”元素的颜色设置为“红”，线型通过加载设置为“ACAD_IS004W100”。

图 4.33 为添加新元素“0”的过程；图 4.34 为“0.5”元素设置“120”偏移量的过程，“－0.5”元素设置“－120”的过程与此类似；图 4.35 为“0”元素修改颜色和线型的过程。

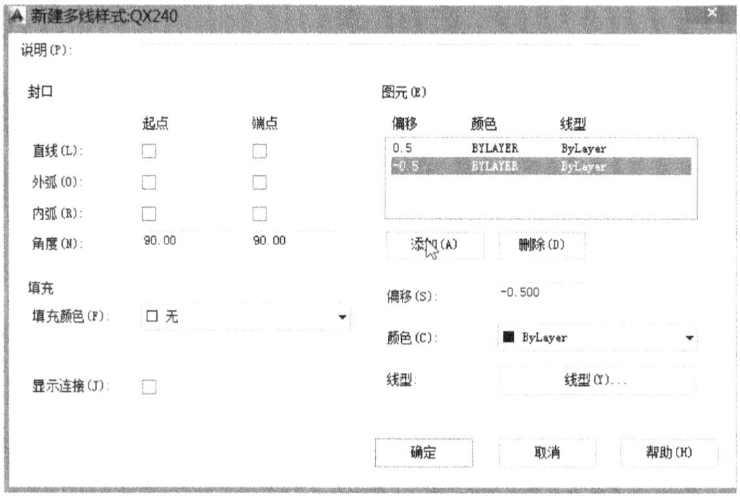

(a)

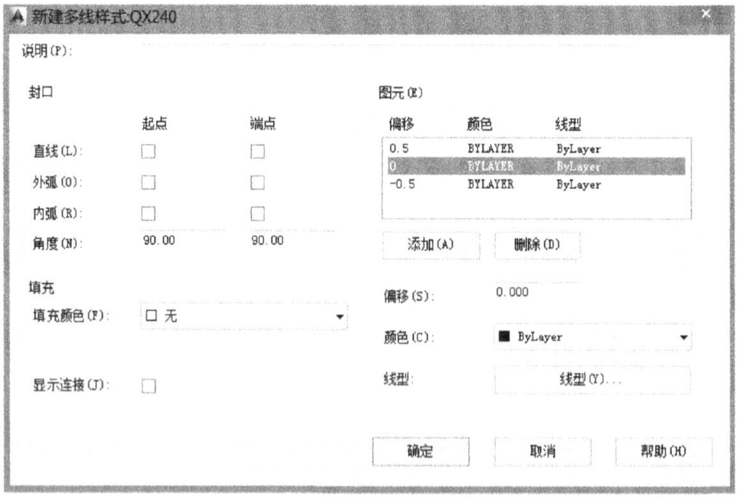

(b)

**图 4.33　添加新元素“0”**

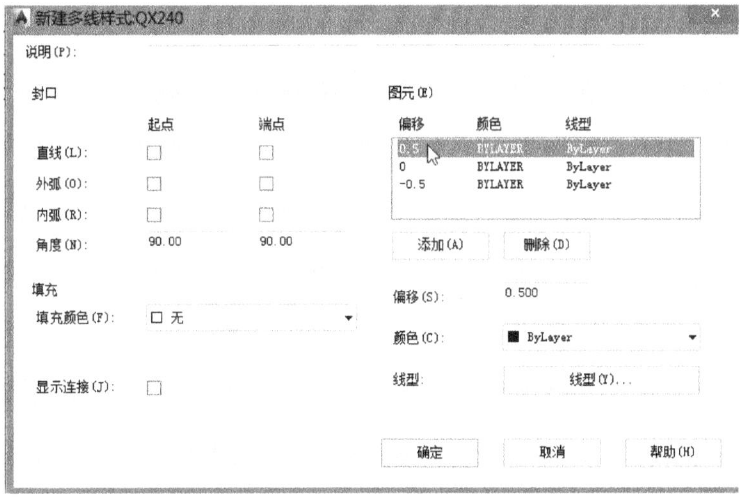

新建多线样式:QX240

说明(P):

封口

| | 起点 | 端点 |
|---|---|---|
| 直线(L): | ☐ | ☐ |
| 外弧(O): | ☐ | ☐ |
| 内弧(R): | ☐ | ☐ |
| 角度(N): | 90.00 | 90.00 |

填充

填充颜色(F): ☐ 无

显示连接(J): ☐

图元(E)

| 偏移 | 颜色 | 线型 |
|---|---|---|
| 0.5 | BYLAYER | ByLayer |
| 0 | BYLAYER | ByLayer |
| -0.5 | BYLAYER | ByLayer |

添加(A) 删除(D)

偏移(S): 0.500

颜色(C): ■ ByLayer

线型: 线型(Y)...

确定 取消 帮助(H)

(a)

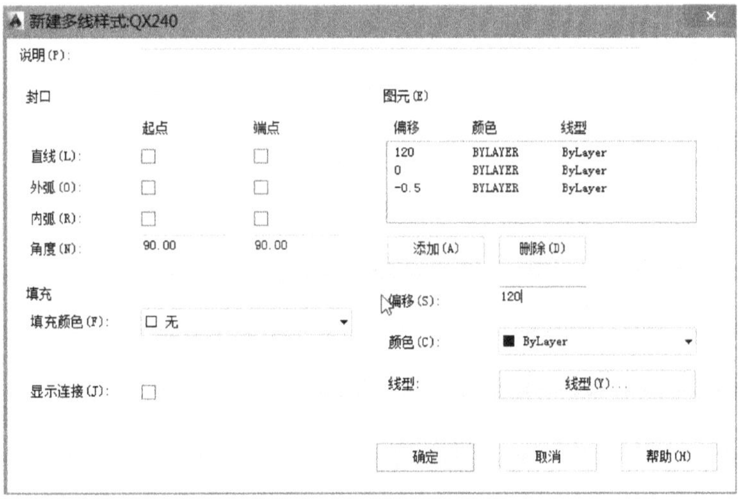

新建多线样式:QX240

说明(P):

封口

| | 起点 | 端点 |
|---|---|---|
| 直线(L): | ☐ | ☐ |
| 外弧(O): | ☐ | ☐ |
| 内弧(R): | ☐ | ☐ |
| 角度(N): | 90.00 | 90.00 |

填充

填充颜色(F): ☐ 无

显示连接(J): ☐

图元(E)

| 偏移 | 颜色 | 线型 |
|---|---|---|
| 120 | BYLAYER | ByLayer |
| 0 | BYLAYER | ByLayer |
| -0.5 | BYLAYER | ByLayer |

添加(A) 删除(D)

偏移(S): 120

颜色(C): ■ ByLayer

线型: 线型(Y)...

确定 取消 帮助(H)

(b)

**图4.34 修改“0.5”元素的偏移值**

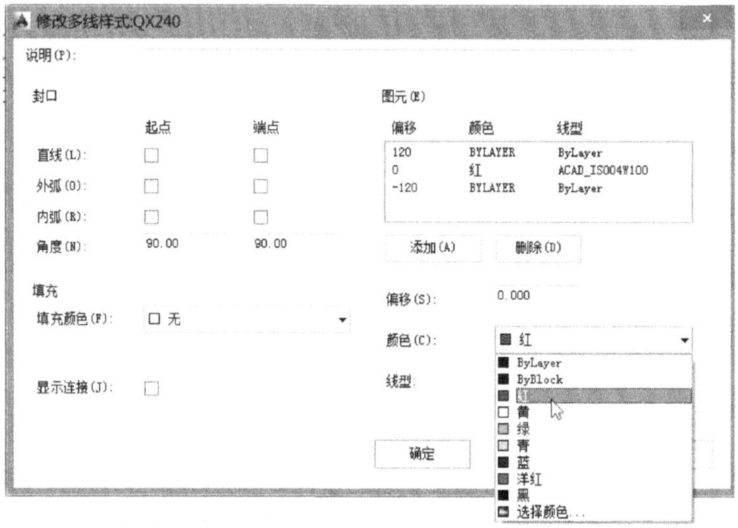

修改多线样式:QX240

说明(P):

封口

起点 端点

直线(L):

外弧(O):

内弧(R):

角度(N): 90.00 90.00

填充

填充颜色(F): 无

显示连接(J):

图元(E)

| 偏移 | 颜色 | 线型 |
| --- | --- | --- |
| 120 | BYLAYER | ByLayer |
| 0 | 红 | ACAD_ISO04W100 |
| -120 | BYLAYER | ByLayer |

添加(A) 删除(D)

偏移(S): 0.000

颜色(C): 红

线型:

ByLayer

ByBlock

红

黄

绿

青

蓝

洋红

黑

选择颜色...

确定

(a)

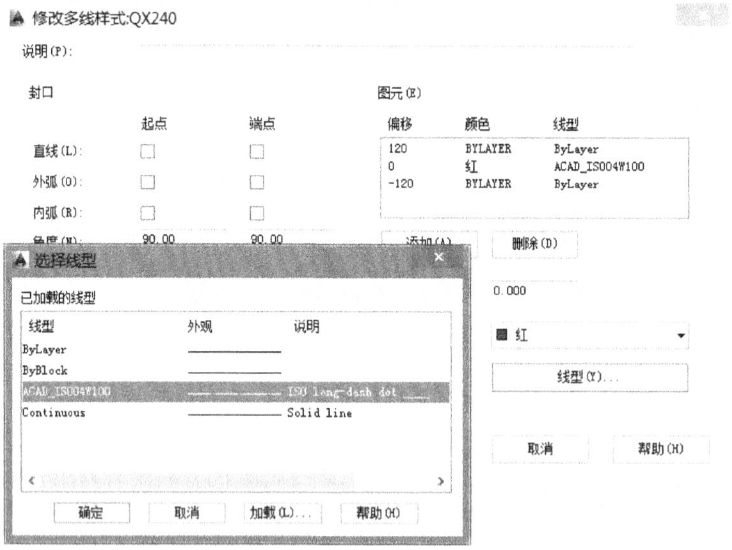

修改多线样式:QX240

说明(P):

封口

起点 端点

直线(L):

外弧(O):

内弧(R):

角度(N): 90.00 90.00

图元(E)

| 偏移 | 颜色 | 线型 |
| --- | --- | --- |
| 120 | BYLAYER | ByLayer |
| 0 | 红 | ACAD_ISO04W100 |
| -120 | BYLAYER | ByLayer |

添加(A) 删除(D)

0.000

红

线型(Y)...

取消 帮助(H)

选择线型

已加载的线型

| 线型 | 外观 | 说明 |
| --- | --- | --- |
| ByLayer | | |
| ByBlock | | |
| ACAD_ISO04W100 | | ISO long-dash dot |
| Continuous | | Solid line |

确定 取消 加载(L)... 帮助(H)

(b)

图 4.35 “0”元素修改颜色和线型

### 4.11.2 使用QX240命令绘制240 mm厚度的墙体

①在【多线样式】对话框中将“QX240”置为当前；

②在命令行输入“MLINE”并按下“Enter”键。

程序提示如下。

命令：ML ↙(解释：命令的简化输入)

MLINE(解释：程序显示)

当前设置：对正 = 上，比例 = 20.00，样式 = QX240(解释：该命令当前的系统设置)

指定起点或[对正(J)/比例(S)/样式(ST)]： J ↙(解释：程序提示输入起点或修改系统设置，此处修改对正方式)

输入对正类型[上(T)/无(Z)/下(B)]<上>： Z ↙(解释：此处Z实际为ZERO)

当前设置：对正 = 无，比例 = 20.00，样式 = QX240(解释：完成对正设置后，程序再次提示)

指定起点或[对正(J)/比例(S)/样式(ST)]： S ↙(解释：此时进行修改比例)

输入多线比例<20.00>： 1 ↙(解释：比例设置为“1”，对元素“120”“-120”的间距不放大)

当前设置：对正 = 无，比例 = 1.00，样式 = QX240(解释：程序再次提示当前设置)

指定起点或[对正(J)/比例(S)/样式(ST)]：0,0 ↙

指定下一点：3600,0 ↙

**1）对正**

对正是指如何在指定的点之间绘制多线。其中，上(TOP)是指在光标下方绘制多线，因此在指定点处将会出现具有最大正偏移值的直线；无(ZERO)是将光标作为原点绘制多行，因此MLSTYLE命令中“元素特性”的偏移0.0将在指定点处；下(BOTTOM)是指在光标上方绘制多线，因此在指定点处将出现具有最大负偏移值的直线。三种对正方式如图4.36所示。

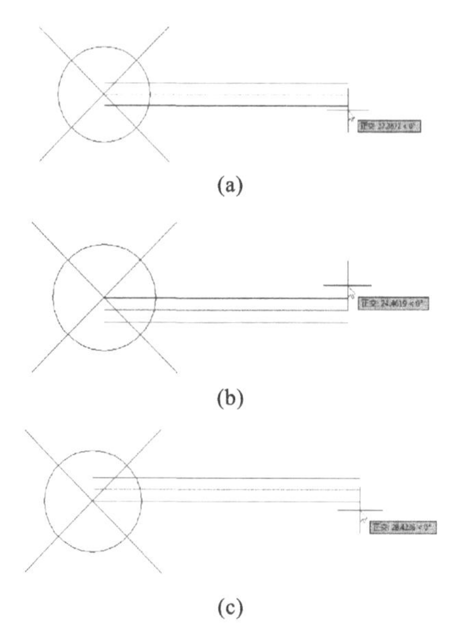

图 4.36 [J]对正方式

(a)上(T);(b)无(Z);(c)下(B)

**2)比例**

比例基于在多线样式定义中建立的宽度。当比例因子为 2,在绘制多线时,其宽度是样式定义宽度的两倍。负比例因子将翻转偏移线的次序:当从左至右绘制多线时,偏移最小的多线绘制在顶部。负比例因子的绝对值也会影响比例。若比例因子为 0,多线将变为单一的直线。多线比例示意如图 4.37 所示。

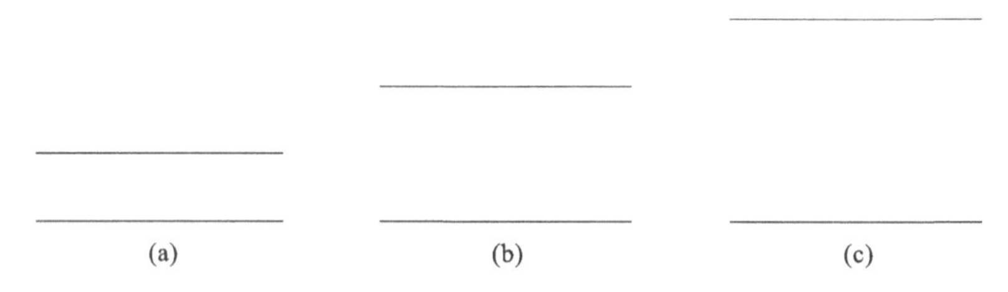

图 4.37 多线的比例(STANDARD)

(a)S=1;(b)S=2;(c)S=3

### 4.11.3 设置双线墙

设置三线墙可以一次绘制出轴线、两条墙线,对于简单的图形确实比较方便;对于比较复杂的图形,一般还是先生成轴线,然后根据轴线绘制墙体,此时,采用双线墙体更为方便。用户可以在【多线样式】对话框设置偏移量分别为"120"和"－120"的两个元素。

另外,直接采用软件默认的"STANDARD"样式也比较方便。将"STANDARD"置为当前多线样式,然后在命令行中将"比例"设置为"240"。注意,此时虽然没有存在"0"这个元素,但是同样可设置对正为"Z",然后就可以绘制以轴线为中心的墙线。

### 4.11.4　多线编辑

使用多线绘制墙体经常出现交叉处的构造与制图规范不符的情况,需要对多线进行修改。多线修改不同于直线段的修改,需要采用【多线编辑工具】对话框,如图4.38所示。

**图4.38　【多线编辑工具】对话框**

启动【多线编辑工具】对话框的方法如下。

①命令行:MLEDIT。

②菜单:【修改】→【对象】→【多线】。

【多线编辑工具】对话框提供编辑多线交点、打断点和顶点等多个功能。用户根据当前图形的特征去选择适当的工具,并根据命令行的提示进行编辑,可实现对多线各交点处的编辑功能。

需要指出的是，多线编辑命令对于比较简单图形的编辑非常有效，但对于比较复杂的工程图，多线编辑的功能往往比较难以达到预想的效果。此时，将多线进行分解，即执行“EXPLODE”，将多线分解成多条直线段，然后使用“TRIM”“CHAMFER”或者“FILLET”都可以进行快速编辑。

## 4.12 综合练习

用户自行练习绘制图 4.39 所示图例。

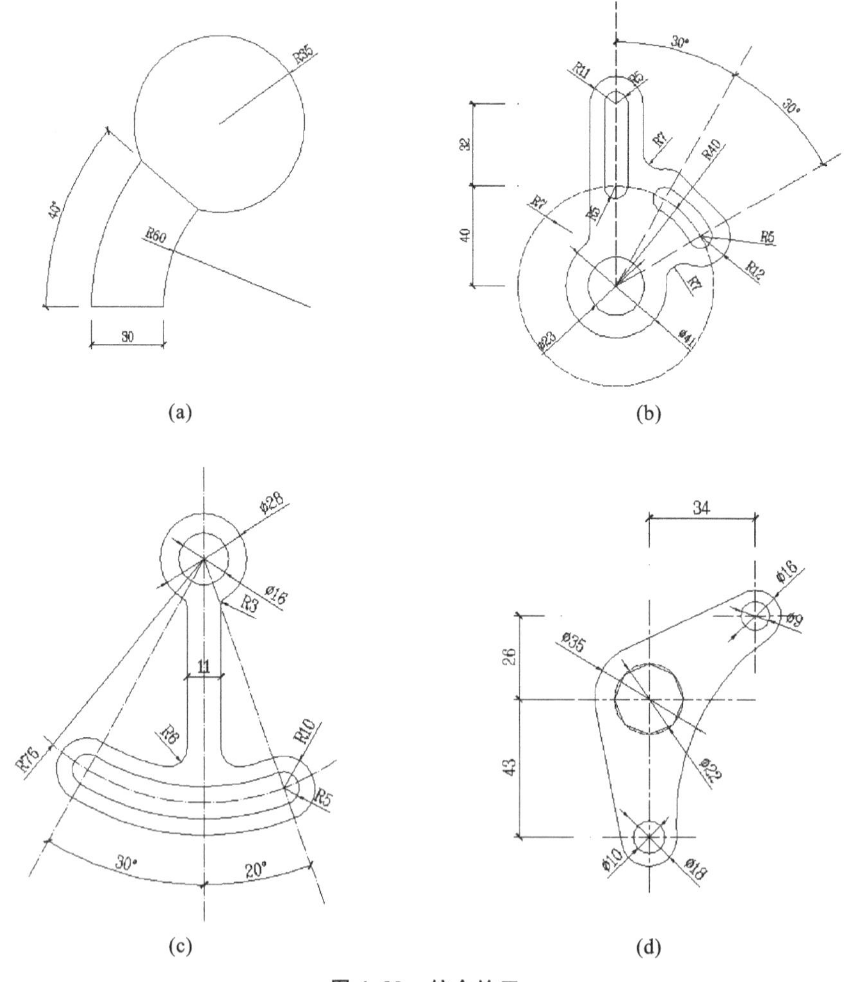


(a) (b) (c) (d)

**图 4.39 综合练习**

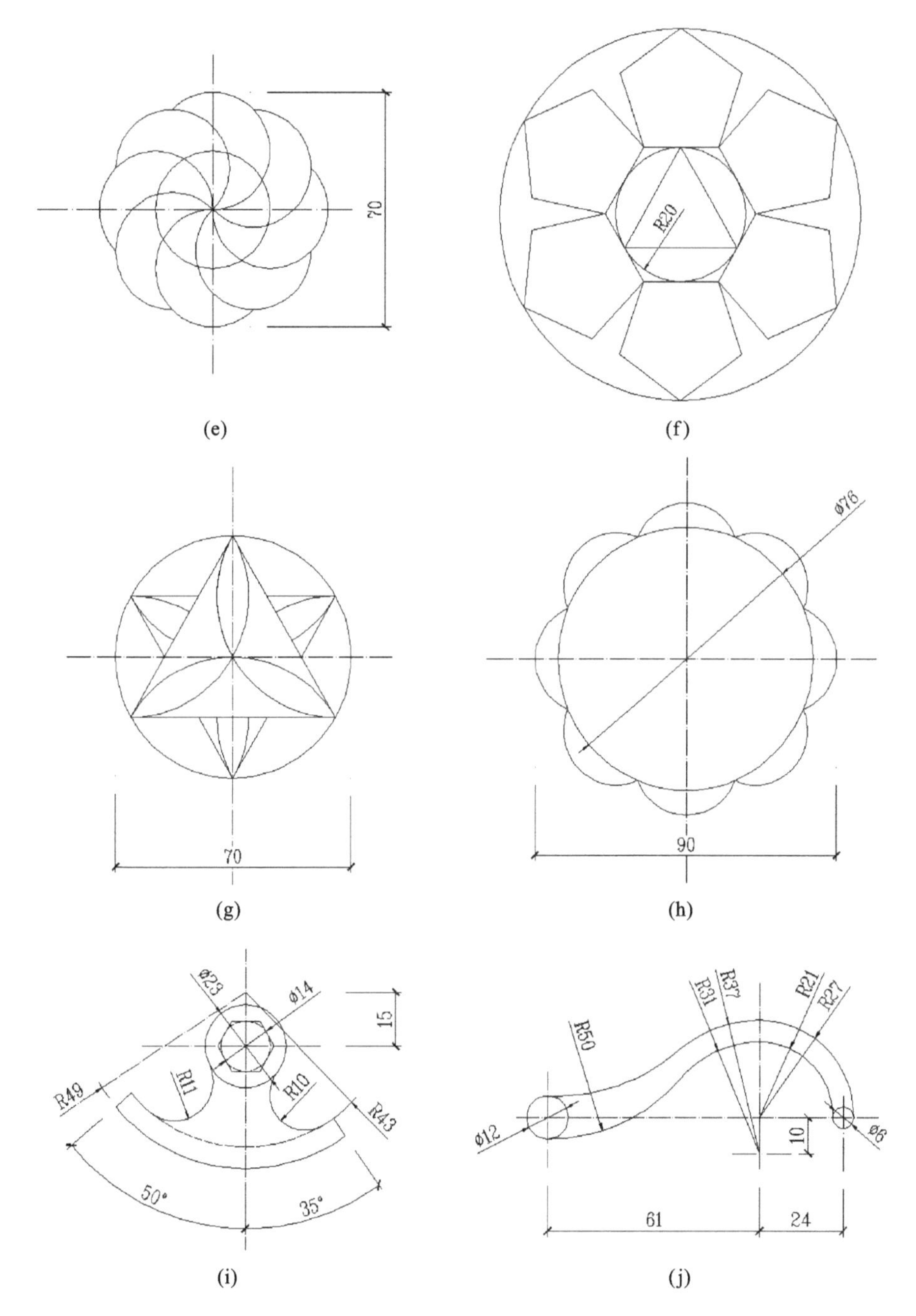
70
R20
70
ø76
90
ø23
ø14
15
R11
R10
R49
R43
50°
35°
R50
R31
R37
R21
R27
ø12
10
ø6
61
24
(e)
(f)
(g)
(h)
(i)
(j)

**续图 4.39**

# 第5章　图层、文字、标注样式和多线样式

**教学要求**

◇ 熟悉设置、修改和管理图层的名称、线型、颜色及其他属性；
◇ 掌握特性工具栏的设置和使用；
◇ 正确设置文字样式，并熟练使用单行文字和多行文字命令；
◇ 熟练修改、调整字体以准确显示工程图；
◇ 根据绘图要求设置相应的标注样式；
◇ 掌握全局比例因子、当前对象缩放比例和测量单位比例；
◇ 灵活处理图形标注中的文字和尺寸界线长短不一的问题；
◇ 灵活设置多线样式。

## 5.1　基础内容1——LAYER命令

设置图层便于用户管理不同类别的图形。如在绘制建筑平面图时，用户可以定义轴线图层、文字图层、标注图层、柱图层、墙体图层、窗图层、门图层、楼梯图层以及图框图层等。不同对象放置在不同的图层上，不同的图层定义不同的属性。大型设计公司会基于制图规范基本要求，对图层的设置和使用制定统一标准。

可采用以下三种方式打开【图层特性管理器】对话框。

①下拉菜单:【格式】|【图层】。

②工具栏:【图层】|按钮。

③命令行:LAYER或者LA。

### 5.1.1　创建和管理“轴线”图层

**1) 打开【图层特性管理器】**

①LA↙(解释:在命令行中输入LAYER命令，如图5.1(a)所示)。

②用户可以在【图层特性管理】对话框中创建新的图层、指定图层的特性、设置当前图层、选择图层和管理图层包。一般包含有预设“0”图层，用户也是基于该图层设置新图层。

③将鼠标置于“状态和名称”一栏内，点击鼠标右键打开快捷菜单，可以在快捷菜单里执行“新建图层”。

**2）新建图层并修改名称为“轴线”**

①将鼠标移至打开的【图层特性管理器】对话框的上方，单击（新建图层）按钮，如图 5.1(b)所示。

②新建图层的名称为“图层 1”，名称为软件默认设置。

③将“图层 1”名称修改成“轴线”。图 5.1(b)为鼠标移至“新建图层”按钮，图 5.1(c)为软件默认设置的新图层，名为“图层 1”，其属性与“0”图层相同，且处于可修改的模式。

**3）设置“轴线”图层颜色**

①将鼠标移至“轴线”图层“颜色”一列，并点击前面的“□”，打开【选择颜色】对话框。

②在打开的【选择颜色】对话框中选择合适的颜色，建议选择“红色”。图 5.1(d)所示为设置图层颜色。

**4）修改“轴线”图层线型**

①鼠标移至“线型”一栏，在“轴线”图层一行中单击“Continuous”，打开【选择线型】对话框。

②【选择线型】对话框中仅有“Continuous”一种，鼠标单击 加载(L)... 按钮以加载新线型。

③在打开的【加载或重载线型】对话框中选择“ISO long-dash dot”，然后点击“确定”按钮。

④程序回到【选择线型】对话框，鼠标单击“ACAD_IS004W100”一行，然后单击“确定”按钮，过程如图 5.1(e)～图 5.1(g)所示。

**5）修改“轴线”图层线宽**

①鼠标移至“线宽”一栏，在“轴线”图层一行中单击“——默认”，打开【线宽】对话框。

②在打开的【线宽】对话框中，选择线宽为“0.18 mm”后，单击“确定”按钮，如图 5.1(h)所示。

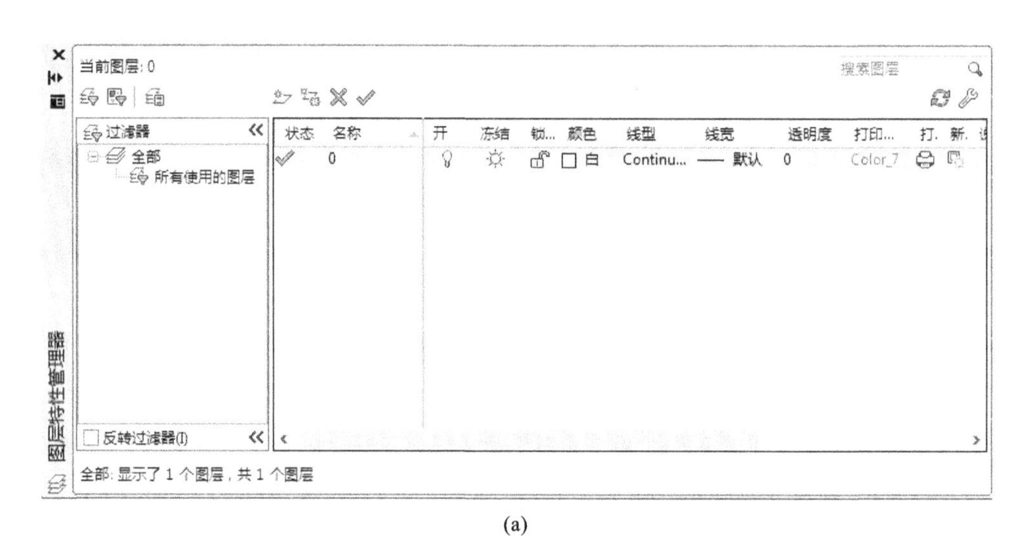


(a)

(b)

**图 5.1　创建和管理“轴线”图层**

(a)打开【图层特性管理器】对话框；(b)创建新图层；(c)“图层 1”继承“0”图层属性；(d)设置图层颜色；(e)修改轴线图层的线型；(f)加载新线型；(g)选择“ISO long-dash dot”线型并加载；(h)为“轴线”图层设置线宽“0.18 mm”

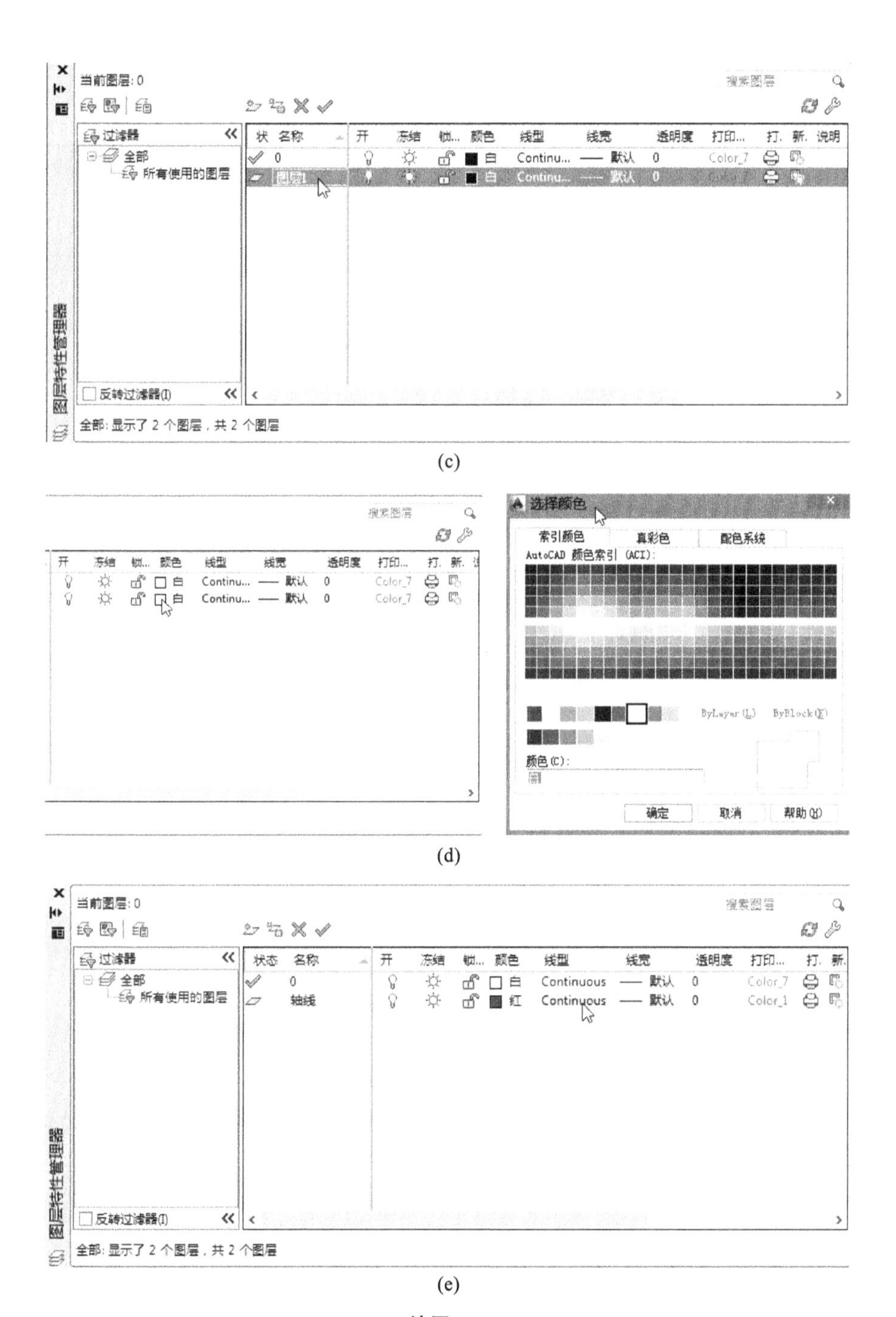
当前图层：0
搜索图层
过滤器
全部
所有使用的图层
状 名称 开 冻结 锁... 颜色 线型 线宽 透明度 打印... 打. 新. 说明
0 白 Continu... 默认 0 Color_7
反转过滤器(I)
全部：显示了 2 个图层，共 2 个图层
图层特性管理器
选择颜色
索引颜色 真彩色 配色系统
AutoCAD 颜色索引 (ACI)：
ByLayer (L) ByBlock (K)
颜色 (C)：
确定 取消 帮助 (H)
状态 名称 开 冻结 锁... 颜色 线型 线宽 透明度 打印... 打. 新.
0 白 Continuous 默认 0 Color_7
轴线 红 Continuous 默认 0 Color_1

(c)

(d)

(e)

**续图 5.1**

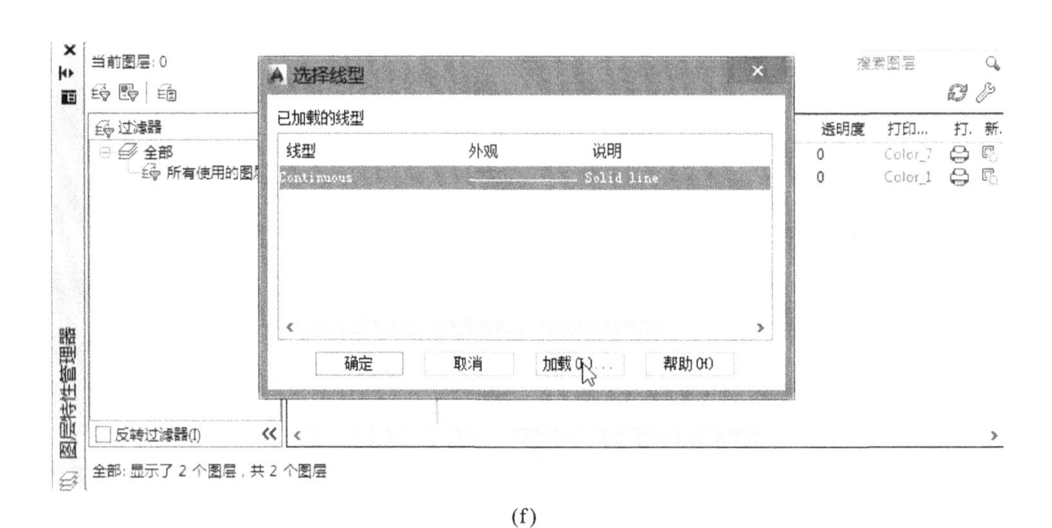
当前图层: 0
过滤器
全部
所有使用的图层
反转过滤器(I)
全部: 显示了 2 个图层，共 2 个图层
图层特性管理器
选择线型
已加载的线型
线型
外观
说明
Continuous
Solid line
确定
取消
加载(L)...
帮助(H)
搜索图层
透明度
打印...
0
Color_7
0
Color_1

(f)

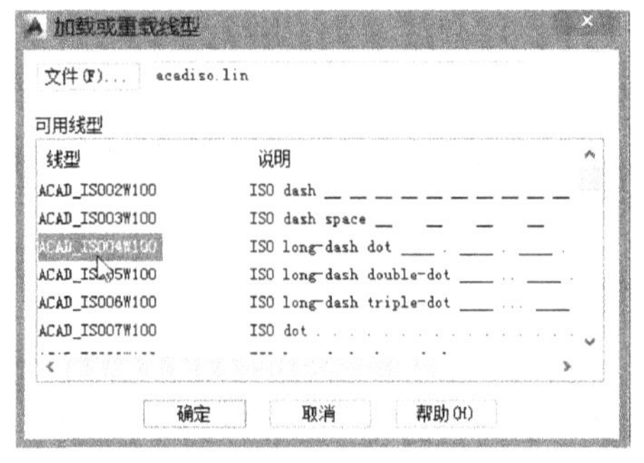
加载或重载线型
文件(F)...
acadiso.lin
可用线型
线型
说明
ACAD_ISO02W100
ISO dash
ACAD_ISO03W100
ISO dash space
ACAD_ISO04W100
ISO long-dash dot
ACAD_ISO05W100
ISO long-dash double-dot
ACAD_ISO06W100
ISO long-dash triple-dot
ACAD_ISO07W100
ISO dot
确定
取消
帮助(H)

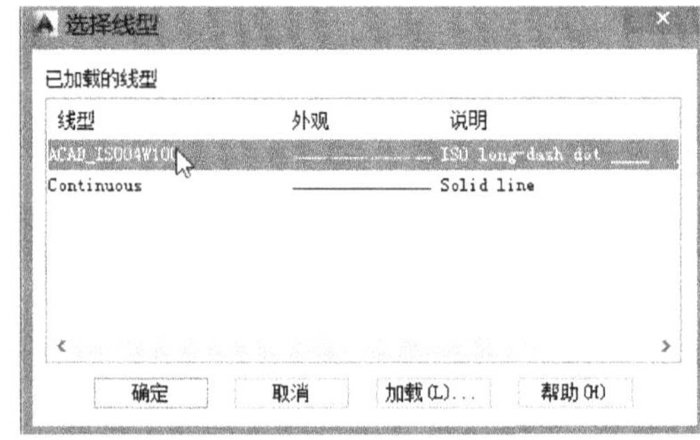
选择线型
已加载的线型
线型
外观
说明
ACAD_ISO04W100
ISO long-dash dot
Continuous
Solid line
确定
取消
加载(L)...
帮助(H)

(g)

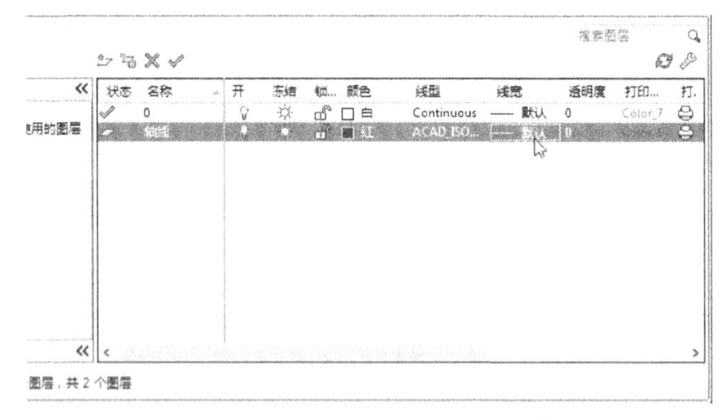
搜索图层
状态
名称
开
冻结
锁...
颜色
线型
线宽
透明度
打印...
0
白
Continuous
默认
0
Color_7
轴线
红
ACAD_ISO...
默认
0
图层，共 2 个图层

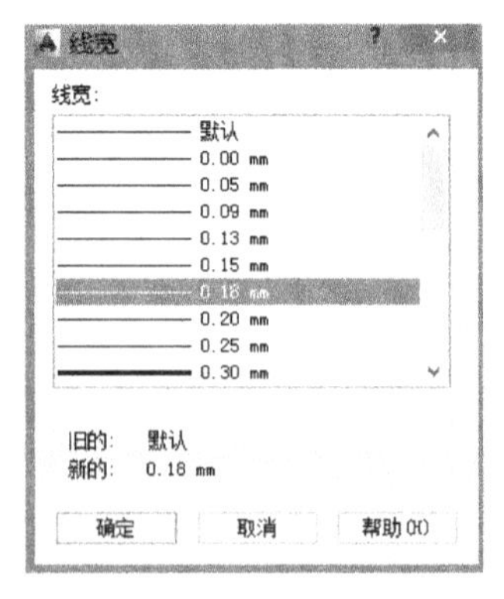
线宽
线宽:
默认
0.00 mm
0.05 mm
0.09 mm
0.13 mm
0.15 mm
0.18 mm
0.20 mm
0.25 mm
0.30 mm
旧的: 默认
新的: 0.18 mm
确定
取消
帮助(H)

(h)

**续图 5.1**

**6）设置“轴线”图层的其他属性**

用户在图层中除赋予图层颜色、线型、线宽等属性外，为便于图纸的编辑和打印，还需要控制其他属性，如“开(关)/冻结(解冻)/锁定(解锁)”和“打印”等功能，如图5.2所示。

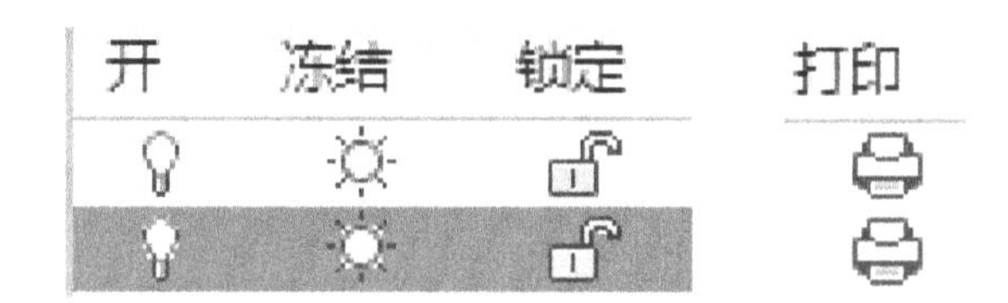


**图5.2 打开/冻结/锁定/打印**

“开”的功能是将选定图层设置为可见并可打印。“关”是将选定图层设定为不可见并禁止打印。

鼠标单击“开”对应的按钮可将“灯泡”关闭或者打开，如果“灯泡”处于灰色状态，则该图层上绘制的对象在当前绘图窗口中不再显示且不能打印。

“冻结”是指冻结图层，将其设定为不可见，并且禁止重生成和打印。“解冻”是将被冻结的图层解冻，将其设定为可见，允许重生成和打印。

鼠标单击“冻结”对应的按钮可以使其变成“太阳”或“雪花”的形象，二者分别表示解冻图层和冻结图层。

“锁定”是指锁定图层，防止编辑这些图层上的对象。“解锁”是将选定的锁定图层解锁，允许编辑这些图层上的对象。

鼠标单击“锁定”对应的按钮，可以将图标形象转变为“打开的锁”和“关闭的锁”，二者分别表示“锁定”和“解锁”。

**7）将“轴线”图层置为当前**

图5.3中✔按钮的名称为置为当前，是将选定图层设定为当前图层。只有将某个图层置为当前，才能在该图层上进行图形的绘制。

用户可以在选择“轴线”图层后再单击✔按钮，可以将当前图层设置为“轴线”。

鼠标双击该对象也可以将其置为当前图层。

**8）删除图层**

①鼠标选择某图层后再单击✖按钮可以删除该图层。

图 5.3 当前图层

②鼠标选择某图层后再按下键盘上的"Delete"键也可以完成同样的功能。

### 5.1.2 在"轴线"图层上绘制轴线

#### 1) 设置"轴线"图层并将其置为当前

用户可以参照图 5.4 完成"轴线"图层的设置,包括图层名的设置、颜色、线型、线宽以及将其设置为当前图层。

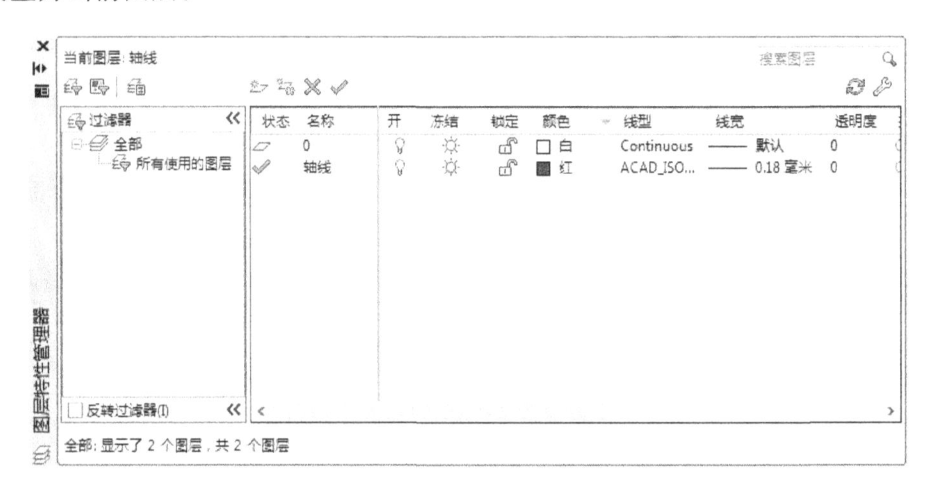


图 5.4 设置"轴线"图层并置为当前

用户也可以按照图 5.5 所示,在【图层控制】下拉列表中将某个图层置为当前,也可以执行图层的开/关、冻结/解冻、锁定/解锁的功能。

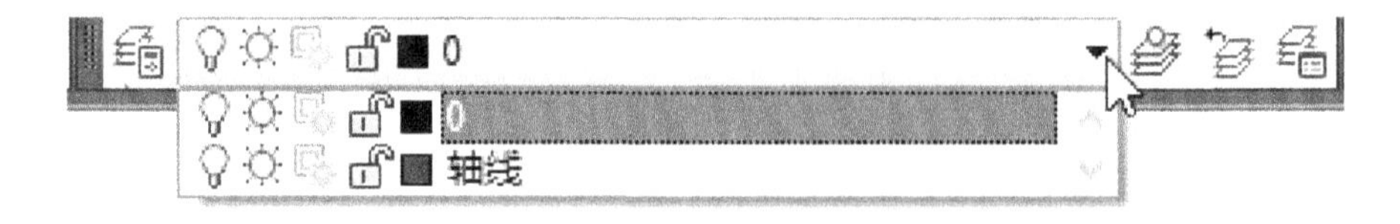


图 5.5 将图层置为当前(利用【图层控制】按钮)

#### 2) 设置【特性】工具栏

图 5.6 为【特性】工具栏,下拉列表包括颜色控制、线型控制、线宽控制。

单击【颜色控制】右侧黑色三角"▼",程序将提示"ByLayer""ByBlock",以及

图 5.6 【特性】工具栏

红、黄、绿和选择颜色等选项。所谓“ByLayer”是指其绘制对象的颜色由该图层在【图层特性管理器】定义的颜色确定；“ByBlock”是指如果图块内元素选择 ByBlock，则所选元素的颜色与图块所在图层的设置一样；如果选择“黄”，则随后所绘制对象虽然属于当前图层，但颜色为黄色，不同于图层定义的颜色。

“线型控制”和“线宽控制”也包括“ByLayer”“ByBlock”，内容不再赘述。另外，“线型控制”还包括各种线型，选择具体的线型将导致随后的对象一律采用该线型；“线宽控制”包括各种线宽，选择具体的线宽将导致随后的对象一律采用该线宽，直至对其进行修改。

熟练的用户可以根据需要在“颜色控制”“线型控制”和“线宽控制”下拉列表中控制颜色、线型和线宽，但对于初学者，将其一律设置为“ByLayer”最为方便。

**3）绘制建筑平面图的轴线**

采用 COPY 或者 OFFSET 命令都可以快速完成轴线的绘制，具体如图 5.7 所示。

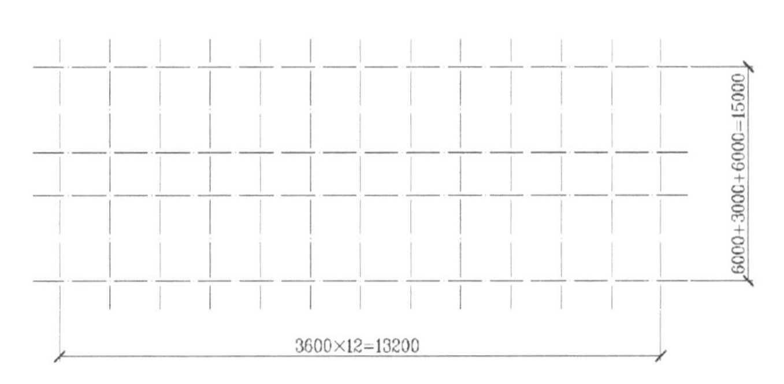


图 5.7 建筑轴线图

关于删除图层的温馨提醒：双击图片可查看和编辑图片内容。删除选定图层时，只能删除未被参照的图层。参照的图层包括图层 0 和 DEFPOINTS、包含对象（包括块定义中的对象）的图层、当前图层以及依赖外部参照的图层。局部打开图形中的图层也被视为已参照并且不能删除（不适用于 AutoCAD LT）。注意，如果绘制的是共享工程中的图形或是基于一组图层标准的图形，删除图层时要小心。

### 5.1.3 常见问题及解决措施

**1）虚线、点划线的显示问题**

按照足尺绘制建筑施工图时，经常出现绘制的点划线和虚线显示成实线的情况，这需要绘图前对软件的系统设置进行修改。

图5.8为【线型管理器】对话框，用户通过菜单【格式】→【线型】打开该对话框，一般需要在该对话框中以鼠标左键单击右上端【显示细节】按钮，从而将详细信息展开。

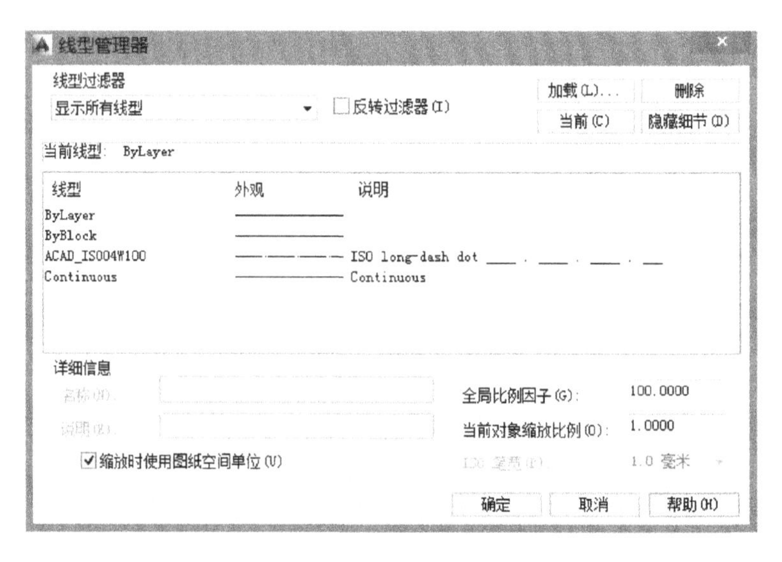


**图5.8 【线型管理器】对话框**

【全局比例因子】显示用于所有线型的全局缩放比例因子。【当前对象比例】设定新建对象的线型比例。生成的比例是全局比例因子与该对象的比例因子的乘积，本图中两个比例“100”和“1”，即表示该图形中线型比例为100×1。

如果修改【全局比例因子】的数值，全图随之改变，包括已经完成的部分；如果修改【当前对象比例】的数值，完成该数值修改后的图形随之改变，已经完成的不发生改变。

**2）图层使用错误如何进行修改**

工作中经常出现所绘制的图形在错误的图层，即当前绘图所使用的图层并非预先设计的图层。在没有任何命令的前提下，使用鼠标选择需要改变的上述对象，然后打开【图层控制】下拉列表，找到需要的图层并选择该图层，如图 5.9 所示。

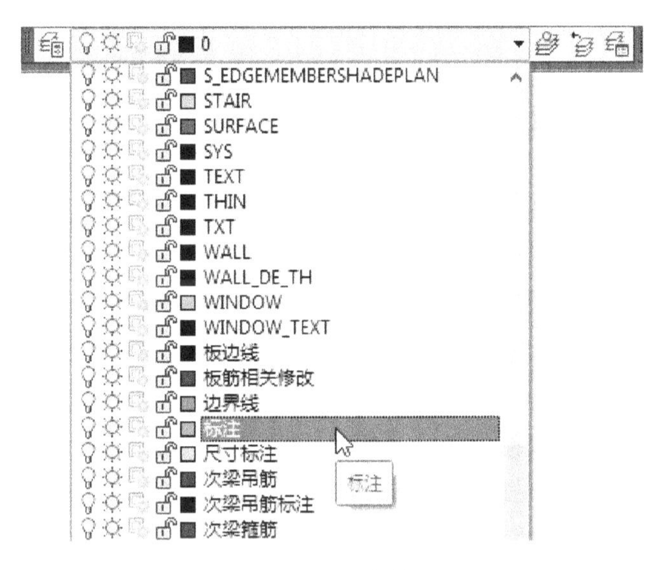


**图 5.9　修改对象的图层**

**3）对象特性使用错误如何进行修改**

工作中经常因为偶然原因造成图层属性使用错误，如图 5.10 中【特性】工具栏将颜色设置成“青”、将线宽设置成“0.80 mm”，导致所绘制的图形虽然属于此时的图层，但属性与原计划不同。此时也可以调整成预设的模式。

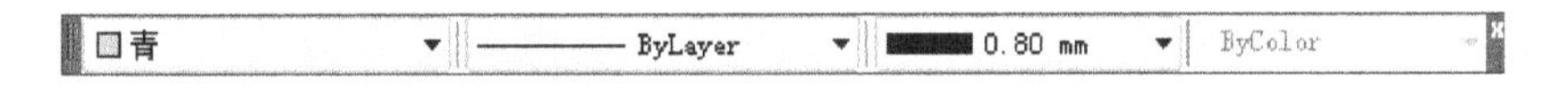


**图 5.10　【特性】工具栏**

在没有任何命令的前提下，使用鼠标选择需要改变的上述对象，然后鼠标选择“ByLayer”，线宽修改同上。

**4）线宽显示的问题**

用户经常感到疑惑的是，所绘制对象的宽度未能在窗口中进行区分，所有的图线都是同样的宽度，这是因为状态栏中有个 线宽 TPY QP SC AM / +（线宽）处于关闭状态。打开该按钮可观察到在【图层特性管理器】对话框中设置了宽度的线条能够显示和区分。需要注意的是，图形窗口中显示的线宽只是示意性质。

**5）缺省图层**

一旦进行一次尺寸标注，软件将在【图层特性管理器】中增加一个“Defpoints”图层，该图层无法删除，建议不使用该图层进行任何操作。

另外，“0”图层、当前图层以及包含对象的图层也无法删除。

## 5.2 基础内容 2——STYLE 命令

文字是 AutoCAD 图形中至关重要的组成部分。质量优良的图纸不仅包括清晰、准确的图形，还包括必要、整体和规范的文字标注。文字样式的制定可以保证图纸的规范。大型设计单位对文字的标注一般有统一的标准，以保证公司图纸整体上保持统一和规范。作为初学者，制定比较简单的文字样式可以满足基本训练的要求。

AutoCAD 软件可以使用两种类型的文字，分别是软件专用的形（SHX）字体和 Windows 自带的 TrueType 字体。形字体文件的后缀是“shx”，TrueType 字体文件的后缀是“ttf”。

用户在使用某些结构设计软件绘制的施工图时，可能使用诸如“hztxt”等字体。如果 AutoCAD 软件中没有安装上述字体，会导致乱码或者中西文字体间比例失调等问题。

TrueType 字体包括宋体、黑体、楷体、仿宋体等，字形美观，但占用计算机资源较多，因此，使用时需要根据具体情况选用适当的字体以提高绘图效率。

AutoCAD 软件提供单行文字和多行文字两种输入方式，单行文字用于比较简单的文字输入，多行文字可以书写较多且较复杂的文字，其功能类似 Word 的文字编辑功能。

### 5.2.1 制定 HZ10、HZ5 和 DIM2.5 文字样式

**1）打开【文字样式】对话框**

菜单输入：【格式】→【文字样式】，如图 5.11 所示。

**2）新建样式 HZ10**

新建样式 HZ10 用于书写汉字，为便于记忆，用“HZ”表示该文字用于书写汉字，字高为“10 mm”，如图 5.12 所示。以此类推，HZ5 表示书写字高为 5 mm 的

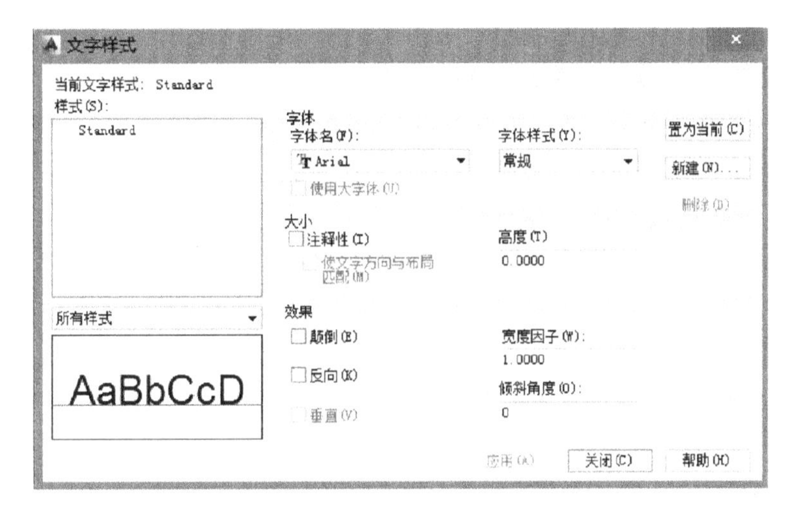


图5.11 【文字样式】对话框

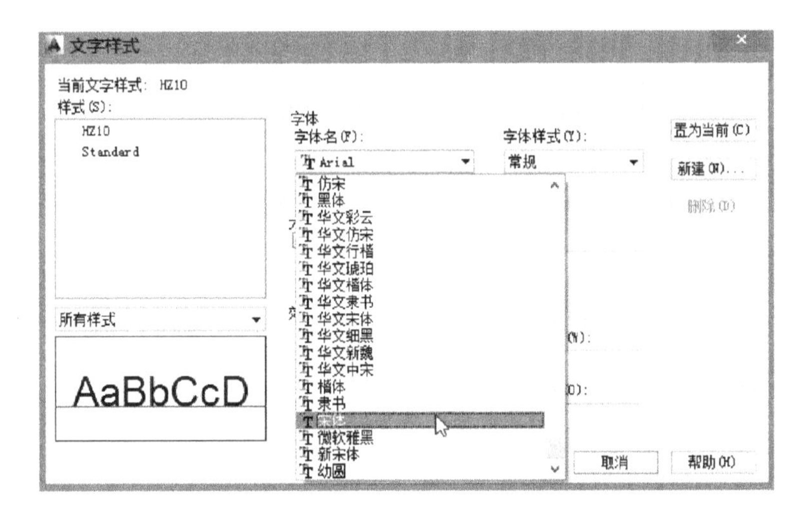


图5.12 当前文字样式：HZ10；字体名：宋体

汉字，DIM2.5表示书写字高为2.5 mm的数字，一般用于尺寸标注。

①在打开的【文字样式】对话框中，单击按钮【新建】以创建新样式。

②在打开的【新建文字样式】对话框中输入新的样式名“HZ10”，单击【确定】按钮。

③当前文字样式为“HZ10”，在当前样式下，鼠标单击【字体名】的下拉列表，选择宋体。

④在【高度】下设置字高为“10”。

⑤在【宽度因子】下设置字的宽度与高度之比为“0.8”。

需要注意如下问题：如果使用诸如“complex.shx”等形字体时，可以选择使用大字体，如图 5.13 所示。所谓使用大字体，是指指定亚洲语言的大字体文件，只有 SHX 文件可以创建“大字体”。

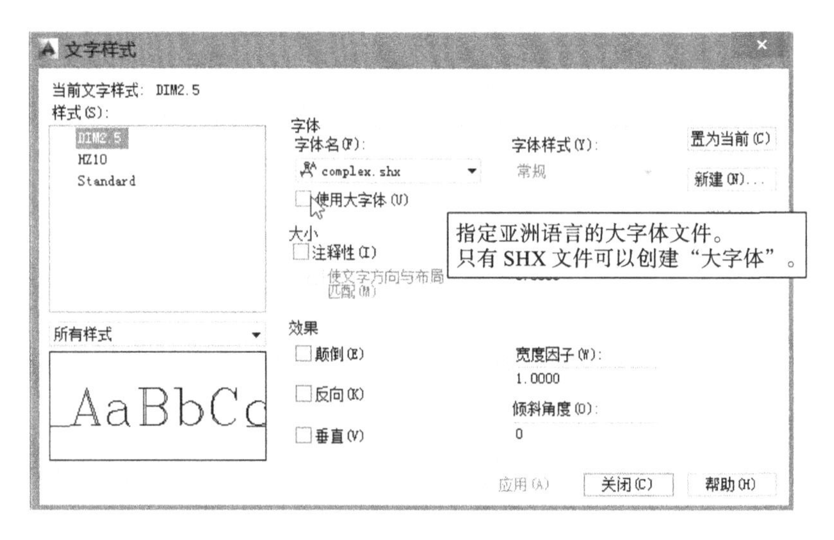


图 5.13　使用大字体

参照上述过程，完成 HZ5 和 DIM2.5 的设置，其中 DIM2.5 参照图 5.13 并将宽度因子改成“0.8”。

## 5.2.2　使用单行文本

### 1) 文字输入步骤

①在【文字样式】对话框中将 HZ10 置为当前以使用所设置的样式，如图 5.14所示。

②在【图层特性管理器】对话框中设置“文字”图层，线型为“Continuous”，线宽为“0.18”，且将其置为当前。

③在【特性】工具栏中的颜色、线型、线宽一律设置为“ByLayer”。

④在菜单【绘图】→【文字】→【单行文字】中，程序命令行提示如下。

命令：TEXT ↙

当前文字样式："HZ10"；文字高度：10.0000；注释性：否；对正：左

指定文字的起点 或 [对正(J)/样式(S)]：(解释：鼠标左键在当前绘图窗口单击定点)

指定文字的旋转角度〈0〉：↙（解释：无须旋转）

⑤在闪烁的光标中输入"土木工程专业计算机辅助设计"后按下"Enter"键。

⑥软件自动进入下一行，继续输入"建筑工程、岩土工程、道路与桥梁工程"，如图 5.15 所示。

⑦完成所有的输入，两次按下"Enter"键，退出当前的文字输入。

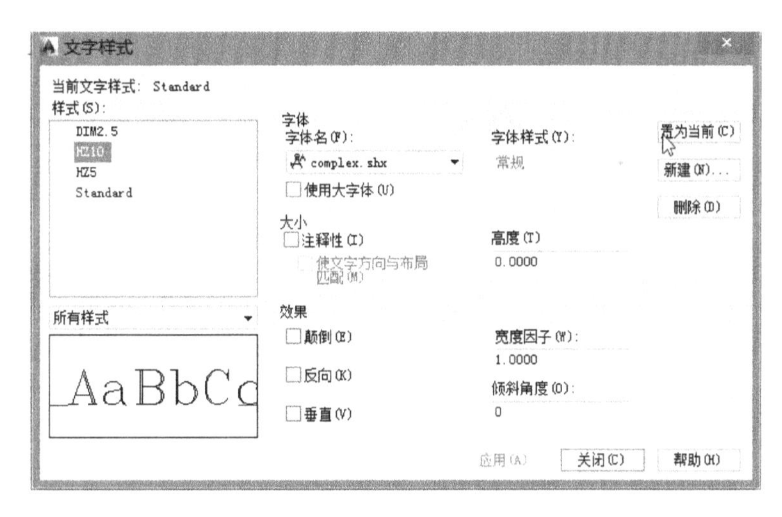


**图 5.14　将 HZ10 置为当前**

土木工程专业计算机辅助设计
建筑工程、岩土工程、道路与桥梁工程

**图 5.15　文字输入**

**2）对正(J)的设置**

进行比较简单的输入时无需对"对正(J)"进行调整，因为默认的方式为左下角对齐，符合工程习惯。如果有必要，可以对其进行调整。在命令行中进行如下输入。

命令:DT ↙ (解释:也可以输入 DTEXT、TEXT)

指定文字的起点 或 [对正(J)/样式(S)]: J ↙ (解释:输入"J"以调整对正方式)

输入选项 [左(L)/居中(C)/右(R)/对齐(A)/中间(M)/调整(F)/左上(TL)/中上(TC)/右上(TR)/左中(ML)/正中(MC)/右中(MR)/左下(BL)/中下(BC)/右下(BR)]:F ↙(解释:选择 F 对正方式)

预先在绘图窗口绘制一个 100×10 的矩形,并使用 HZ10 书写文字,根据程序提示分别选择矩形的左下角和右下角两个点,按照图 5.16(a)和图 5.16(b)的方式完成文字,可以观察到不同的效果。这是因为,该对正方式是将文字按照由两点定义的方向和一个高度值布满一个区域,文字字符串越长,字符越窄,字符高度为文字样式所设定。

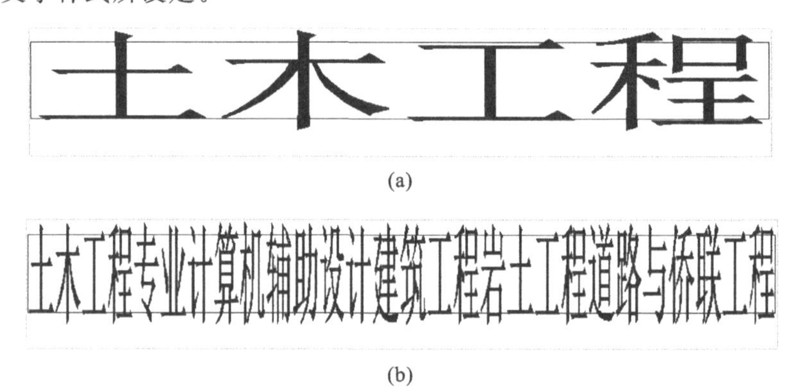


图 5.16 改变对正方式

其余方式用户可以根据提示进行对比,不再赘述。

### 5.2.3 多行文字

**1) 文字输入步骤**

①使用所定义的文字样式"HZ10"和"文字"图层,并将颜色、线型和线宽设置为"ByLayer"。

②在菜单【绘图】→【文字】→【多文字】中,程序命令行提示,见下文和图 5.17。

命令:MTEXT

当前文字样式:"HZ10"; 文字高度:10 ; 注释性:否

指定第一角点：(解释：鼠标左键在当前窗口中指定第1个角点)

指定对角点或[高度(H)/对正(J)/行距(L)/旋转(R)/样式(S)/宽度(W)/栏(C)]：(解释：指定第2个角点)

图5.17　【文字编辑器】选项板

③在鼠标闪烁处输入“土木工程”，然后点击【确定】按钮，完成输入，如图5.18所示。

需要指出的是，由于鼠标指定两个角点所确定的区域大小不一，文字排列的结果差别很大。图5.18(a)因指定的区域过小，文字自动进入下一行；图5.18(b)指定的空间足够大。

**2）选项与符号**

多行文字命令为用户提供更加全面的选择，面板上包括文字行距、对齐方式、文字堆叠、文字倾斜等。图5.19(a)为选项的功能，用户在【输入文字】时，可将已经完成的“txt”或“rtf”文档直接导入多行文字中；对于比较复杂的符号，在面板中单击带有“@”的按钮，可以在弹出的菜单中完成“±”“≠”等符号的输入，如图5.19 (b)所示。

## 5.2.4　文字编辑

文字编辑是土木工程专业的工程师在工作中频繁使用的命令，包括文字内容和文字格式的修改等。

激活文字编辑的方法有如下两种。

①命令行输入：DDETIT或者ED。

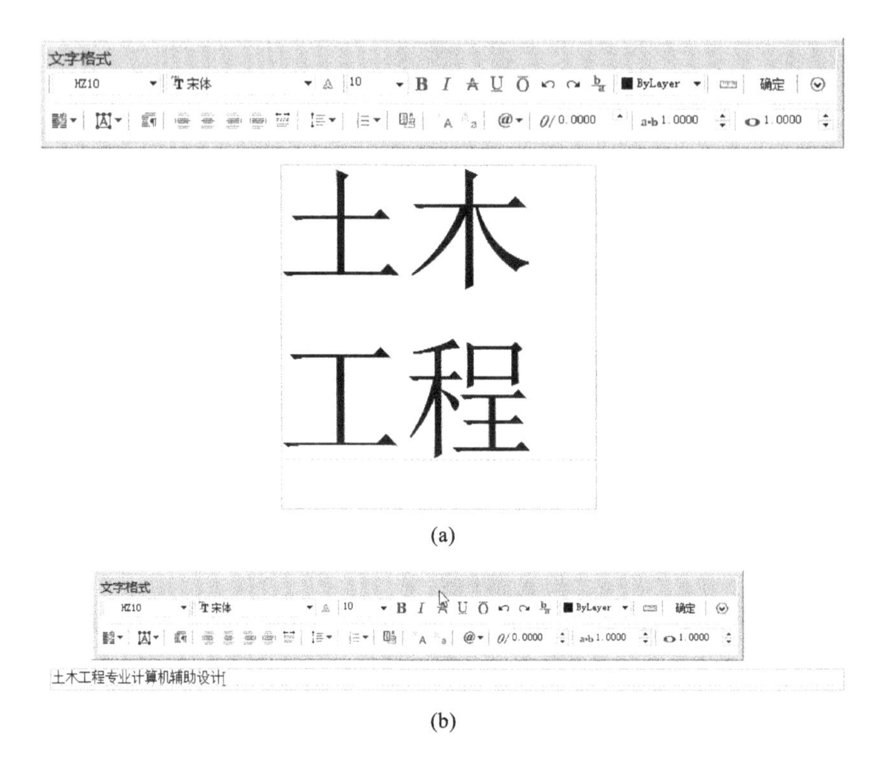


(a)

(b)

图 5.18 输入“土木工程”

②鼠标操作:双击欲修改的文字。

如果是单行文字,直接进入文字编辑模式。

如果是多行文字,打开界面实际为【文字编辑器】选项板。

## 5.2.5 常见问题及解决措施

**1) 单行文字中特殊符号的输入**

在单行文字输入中碰到特殊符号时,如工程中最常用的“±”“°(度)”“Φ”等符号,可以输入“%%P”“%%D”和“%%C”来实现。另外,输入“%%U”然后再输入文字即可形成带有下划线的文字,再次输入“%%U”后,同一行的文字不再带有下划线。

**2) 多行文字中输入 $m^2$**

①在命令行中键入“MT”后按下“Enter”键,打开【多行文字编辑器】选项板,在确定的范围内输入“m2^”。

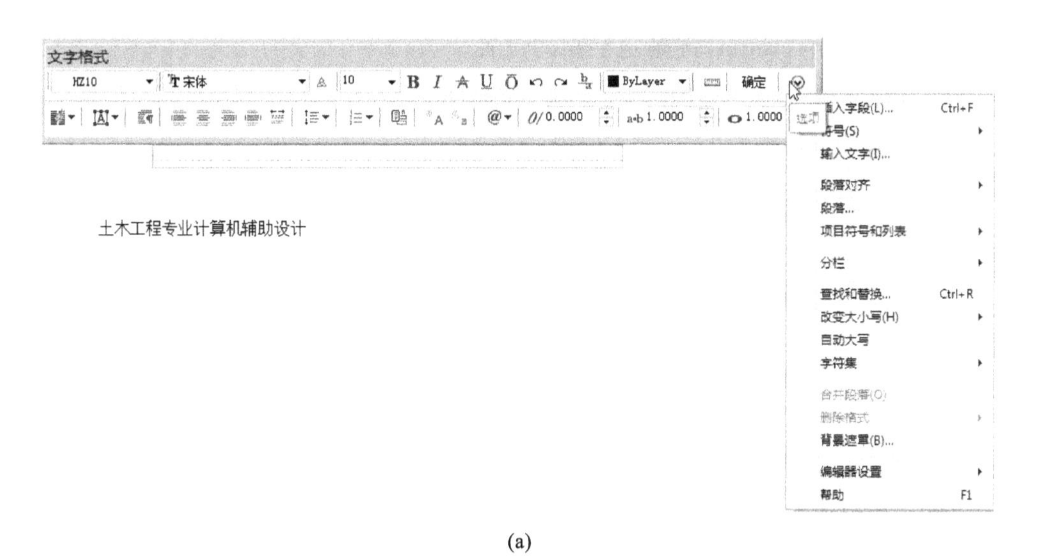


(a)

(b)

**图 5.19　【文字编辑器】选项板的选项和符号**

②鼠标选择“2”并在当前选项板中将其字高减小，建议设置为其他文字高度的 0.5 倍，并按下“Enter”键确定字高的设置。

③鼠标继续选择“2”，选择 (堆叠)按钮即可。

**3）多行文字中输入 $a_2$**

①在命令行中键入“MT”后按下“Enter”键，打开【多行文字编辑器】选项板，在确定的范围内输入“a^2”。

②鼠标选择“2”并在当前选项板中将其字高减小，建议设置为其他文字高度的 0.5 倍，并按下“Enter”键确定字高的设置。

③鼠标继续选择“2”，选择 (堆叠)按钮即可。

**4）在 AutoCAD 中，文字显示为“??”、乱码或者比较混乱**

打开某些图纸或者进行某些设置后，经常出现“??”或乱码，可能的原因包括：文件采用的字体没有对应汉字字体；当前计算机没有该文件所设置的形字体文件，打开该文件时没有对软件提示进行思考斟酌，直接忽略了缺少的 SHX 字体(见图 5.20(a))，或者选择为每个 SHX 文件指定替换字体，但是没有正确设定替换的字(见图 5.20(b))。

为文字设置适当的字体是解决上述问题最好的措施，尤其是找到源文件所采用的字库并将其安装在 AutoCAD 的字体目录中(一般为...\FONTS\)。

**5）大量文字、表格和复杂符号的输入**

如果图中存在大量的文字和复杂符号，AutoCAD 软件的文字编辑功能就非常不方便。

此时可以直接采用 OLE 模式，即 object linking and embedding。

用户在菜单里单击【OLE】可以打开【插入对象】对话框，可以选择包括 Excel 工作表、Word 文档等插入到当前文件中，将打开该软件的操作界面，完成编辑后就可以显示该文件。

对于工程中常用的统计材料规格的表格，AutoCAD 软件在【绘图】菜单下也提供制作表格的功能，但远不如 Excel 工作表方便，建议用户利用 OLE 模式进行操作。

**6）文字高度为“0”**

用户可以在【文字样式】对话框中将文字高度设置为“0”，一般情况下不推荐

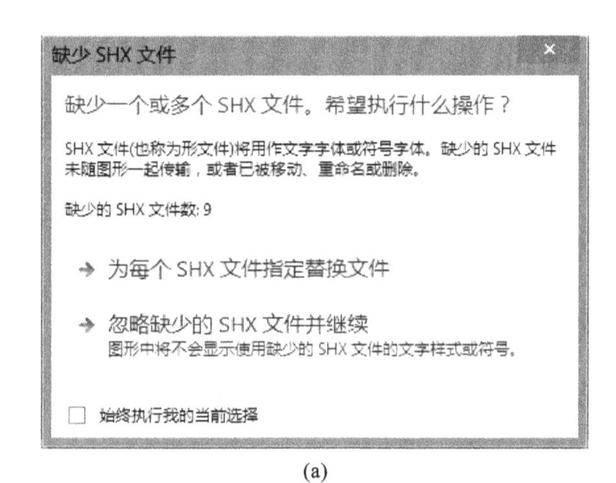


(a)



(b)

**图 5.20　软件对字体的提示**

这种设置。因为在软件中书写文字时，如采用单行文字，命令行中将提示“TEXT 指定高度〈15.0000〉”，此时需要输入字高，如果直接按下“Enter”键，软件将采用“〈 〉”中的数字，而该数字为上一次文字输入时的字高或者是默认的“〈2.5000〉”。采用多行文字时也执行同样的规则。

## 5.3　基础内容 3——DIMSTYLE 命令

规范及准确的尺寸标注是土木工程专业施工图必要的组成部分，错误的标注会导致返工、经济损失甚至工程事故。规范和准确的尺寸标注体现了从业者的职业素质。

为保证所有图纸的一致性和规范性,以及避免重复劳动,制定合理的标注样式是必不可少的。为适应土木工程专业图纸中多种标注比例的要求,可以制定多种标注样式。

需要指出的是,本节所阐述的内容是基于在“模型窗口”打印图纸,如果采用在“图纸空间”出图的方式,可参见相关资料。

### 5.3.1 创建 DIMENSION100 和 DIMENSION50

设定 DIMENSION100 和 DIMENSION50,分别用于标注 1∶100 和 1∶50 的图形。

设定标注样式前,通常需要设置用于标注尺寸的图层和文字样式,如“尺寸标注”图层,该图层的线型为“Continuous”、线宽为“0.18 mm”;设置文字样式,DIM2.5 用于标注数字。对于文字样式,也可以利用【标注样式管理器】对话框中提供的便捷方式进行设定。

**1)新建标注样式 DIMENSION100**

①菜单方式:【格式】→【标注样式】,打开【标注样式管理器】对话框。

②在打开的【标注样式管理器】对话框中单击按钮【新建】创建新的样式。

③在打开的【创建新标注样式】对话框中设置“新样式名”为“DIMENSION100”、【基础样式】下拉列表选择“ISO-25”、【用于】下拉列表选择“所有标注”,如图 5.21 所示。

④鼠标单击按钮【继续】,进入【新建标注样式:DIMENSION100】对话框。

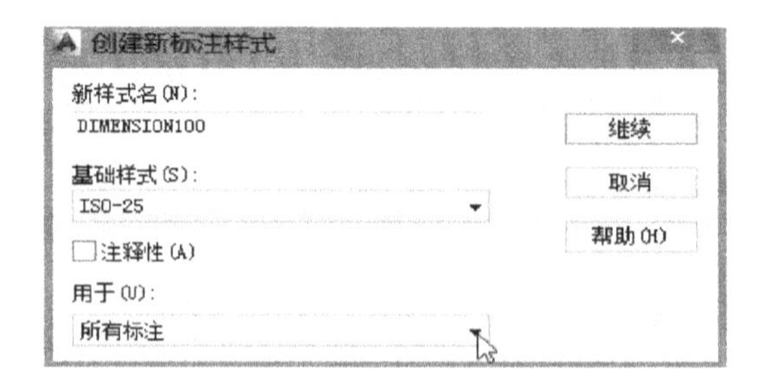


**图 5.21 【创建新标注样式】对话框**

**2)【线】选项卡**

①尺寸线的颜色、线型、线宽一律设置为“ByLayer”。

②尺寸界线的颜色、尺寸界线 1 和尺寸界线 2 的线型一律设置为“ByLayer”。

③超出尺寸线设置为 1.25 mm。

④起点偏移量设置为 10 mm。

超出尺寸线是指指定尺寸界线超出尺寸线的距离，如图 5.22 所示，此处设置为 1.25 mm。

起点偏移量是指设定自图形中定义标注的点到尺寸界线的偏移距离，如图 5.22 所示。由于所绘制的工程图各不相同，无法采用统一的数值。对于比较简单、规整的图形，建议设置为 10～20 mm，此处设置为 10 mm。其余可不进行设置。

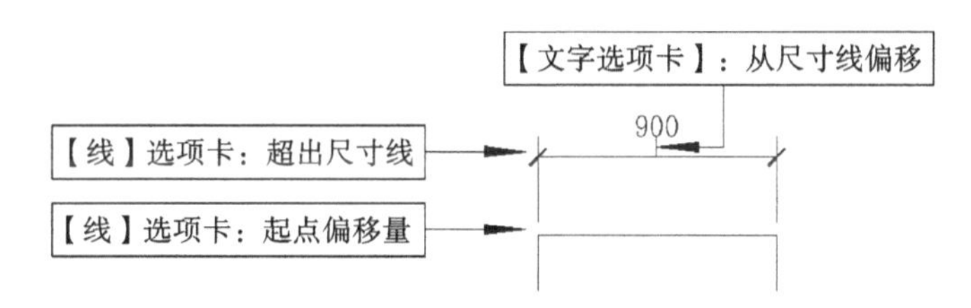


**图 5.22　超出尺寸线、起点偏移量和从尺寸线偏移**

**3)【符号和箭头】选项卡**

①箭头采用建筑标记。在【第一个】的下拉列表中选择“建筑标记”后，【第二个】随之改变。

②箭头大小设置为 2 mm。

**4)【文字】选项卡**

①在【文字样式】下拉列表中选择 DIM2.5。

②文字颜色设置为“ByLayer”。

鼠标单击列表中的黑色三角“▼”，将弹出可用的文本样式。需要注意的是，鼠标单击图 5.23 所示的【文字样式】按钮，将弹出【文字样式】对话框，用户可从中创建或修改文字样式。

图 5.23 中文字高度一栏为灰色，显示为“2.5”，这表示不能修改，“2.5”也是文字样式 DIM2.5 所设。

图 5.23 【文字样式】按钮

③文字位置的控制:在“垂直”列表选择“上方”,在“水平”列表选择“居中”。

④观察方向列表,选择“从左到右”,以从左到右阅读的方式放置文字。

⑤从尺寸线偏移:设置为 0.625。

⑥文字对齐:设置为“与尺寸线对齐”。

文字位置的控制:“垂直”列表选项控制标注文字相对尺寸线的垂直位置,其中“上方”是将标注文字放在尺寸线上方;“水平”列表选项控制标注文字在尺寸线上相对于尺寸界线的水平位置;“居中”是将标注文字沿尺寸线放在两条尺寸界线的中间。其余选项自己查阅对比,如图 5.24 所示。

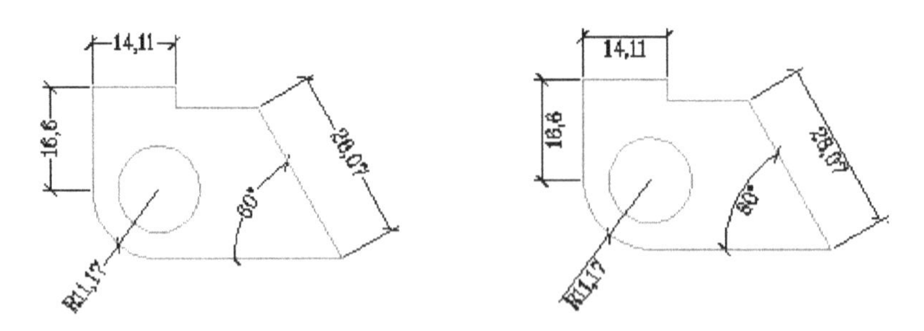


图 5.24 文字位置不同设置的效果

从尺寸线偏移是指设定当前文字间距,文字间距是指当尺寸线断开以容纳标注文字时标注文字周围的距离。建议设置为“0.625”或者“1”,一般可获得较好的效果。

文字对齐还包括ISO标准。在ISO标准中，当文字在尺寸界线内时，文字与尺寸线对齐；当文字在尺寸界线外时，文字水平排列。ISO标准和“与尺寸线对齐”的方式都可以采用，大部分情况下无明显差别。

**5)【调整】选项卡**

①调整选项的设置：文字始终保持在尺寸界线之间。

②文字位置的设置：尺寸线上方，带引线。

调整选项用来控制基于尺寸界线之间可用空间的文字和箭头的位置。如果有足够大的空间，文字和箭头都将放在尺寸界线内，否则，将按照调整选项放置文字和箭头。软件所提供的5种选项能保证所有的情况下都可以获得良好的效果，建议选择“文字始终保持在尺寸界限之间”。

文字位置用来设定标注文字从默认位置(由标注样式定义的位置)移动时标注文字的位置。“尺寸线上方，加引线”是指移动文字时尺寸线不会移动。如果将文字从尺寸线上移开，将创建一条连接文字和尺寸线的引线。当文字非常靠近尺寸线时，将省略引线。该选项通常可以获得较为满意的效果。

其余可不做调整。

**6) 主单位**

①单位格式设置：小数。

②精度设置：选择“0”。

③测量单位比例：设置比例因子为100。

测量单位比例用来定义线性比例选项。其中，比例因子用以设置线性标注测量值的比例因子。比例因子类似传统手工绘图中的“比例尺”，当该数值设置为“100”时，AutoCAD绘图窗口中的1 mm将标注成“100”，这也意味着，一个“3600 mm×6000 mm”的房间，在AutoCAD绘图窗口中绘制成“36 mm×60 mm”(与手工绘制1∶100的图相同)。

其余可不做调整。

## 5.3.2 新建标注样式DIMENSION50

创建DIMENSION100后，创建DIMENSION50就非常简单，只需要进行一个参数的设置即可。

①在图5.25(a)所示界面中单击【新建】按钮，打开【创建新标注样式】对

话框。

②在打开的【创建新标注样式】对话框输入新样式名“DIMENSION50”，基础样式选择“DIMENSION100”，如图 5.25(b)所示。

③在【创建新标注样式】对话框中单击【继续】按钮，进入【新建标注样式：DIMENSION50】。

④打开【主单位】选项卡，将【测量单位比例】设置为“50”。

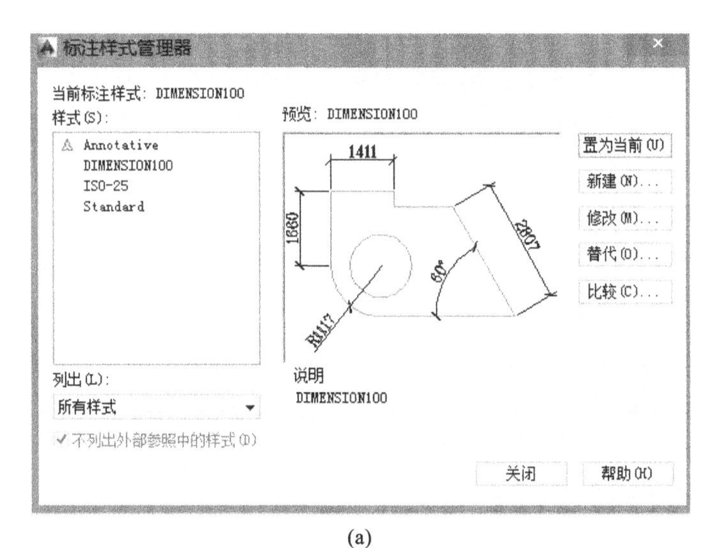


(a)

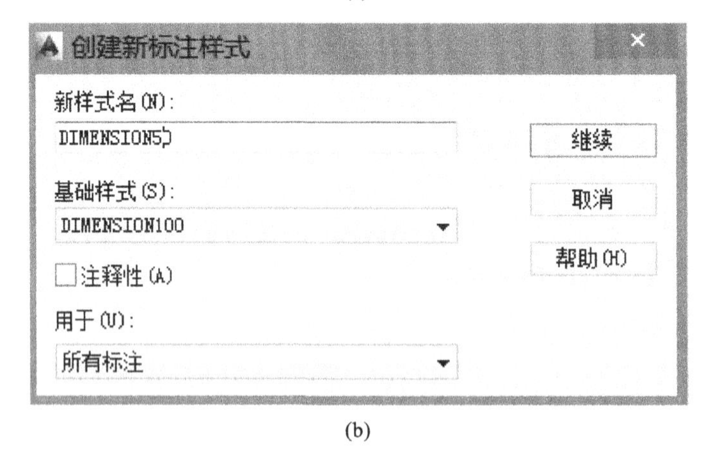


(b)

**图 5.25　创建标注样式** DIMENSION50

DIMENSION100 和 DIMENSION50 的比较如图 5.26 所示。

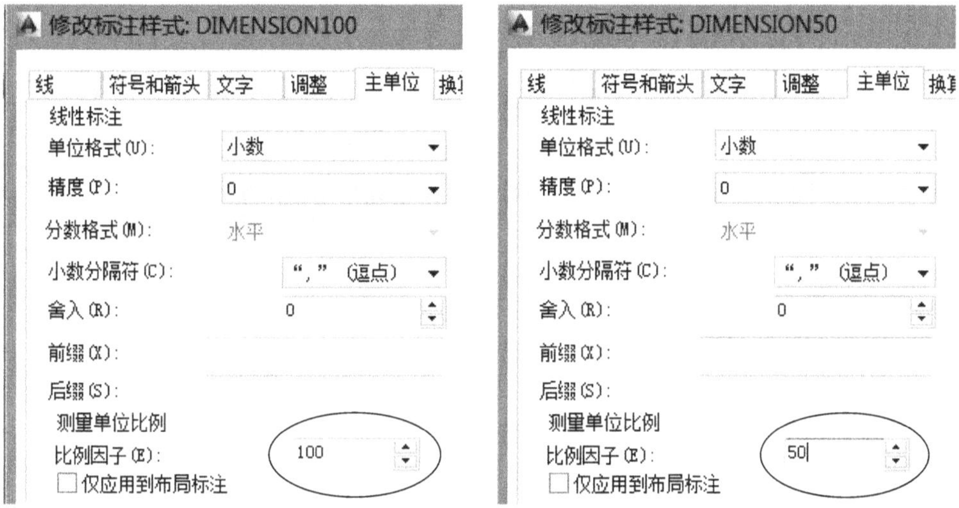

图 5.26　两种测量单位的比较

### 5.3.3　标注尺寸——线性标注

为便于对比和分析，此处设置 DIMENSION1 的比例，以“DIMENSION50”为基础样式，将【测量单位比例】设置为“1”，并在【标注样式管理器】中，鼠标选择“DIMENSION1”后，单击【置为当前】，可观察到当前标注样式显示为“DIMENSION1”。

**1）线性标注**

线性标注可以水平、垂直或对齐放置。使用对齐标注时，尺寸线将平行于两个尺寸界线原点之间的直线（想象或实际）。基线（或平行）和连续（或链）标注是一系列基于线性标注的连续标注。

对一直角边长度为“50”的等腰直角三角形采用线性标注的效果，如图 5.27 所示。在完成水平线段和垂直线段的标注后，选择斜线的两个端点，向左或者向上拖动鼠标，在当前坐标系中，无法完成斜线长度的标注。

启动线性标注的方法如下。

①菜单：【标注】→【线性】。

②工具栏：【标注工具栏】→⊢⊣（线性标注）。

命令：DIMLINEARD（解释：使用菜单进行操作，命令行显示的内

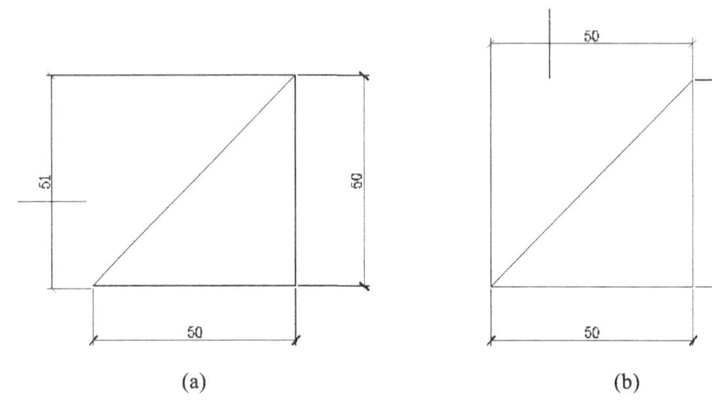


图 5.27　线性标注

容）

指定第一个尺寸界线原点或 <选择对象>：（解释：鼠标选择第 1 个端点）

指定第二条尺寸界线原点：（解释：鼠标选择第 2 个端点）

指定尺寸线位置或[多行文字(M)/文字(T)/角度(A)/水平(H)/垂直(V)/旋转(R)]（解释：拖动鼠标确定尺寸线的位置，此时如果需要对文字的格式、文字内容、角度等进行调整，输入对应的命令）

标注文字 = 50（解释：如不修改文字内容，程序根据线段长度和测量单位比较计算确定）

图 5.28 为【标注】工具栏，DIMENSION1 为当前标注样式。用户也可以在此处将需要的标注样式置为当前。

根据需要，用户可将鼠标置于工具栏某处并点击右键，在弹出的快捷菜单里将【标注】工具栏隐藏或者显示。

图 5.28　利用【标注】工具栏控制标注样式

**2）不同标注样式标注同一直线段**

对于同一条直线段，如果采用不同的标注样式，标注的结果会相差非常大，如图 5.29 所示。

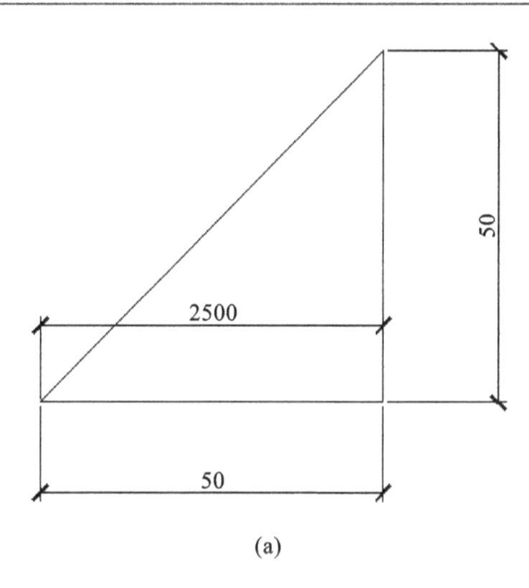


(a)

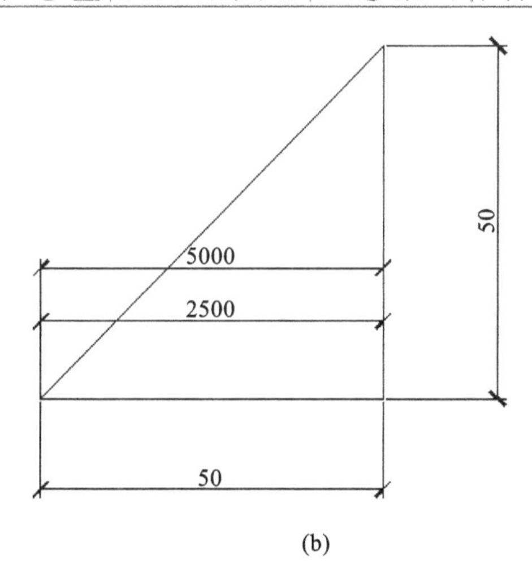


(b)

**图 5.29　使用三种标注样式标注同一条直线段**

(a)使用 DIMENSION1 和 DIMENSION50；

(b)使用 DIMENSION1、DIMENSION50 和 DIMENSION100

对该等腰直角三角形水平直线段的标注分别出现了“50”“2500”和“5000”，原因是分别使用了 DIMENSION1、DIMENSION50 和 DIMENSION100 这三个标注样式，这三个样式所采用的测量单位比例分别为“1”“50”和“100”。

### 5.3.4 标注尺寸——对齐标注

对齐标注是可以与指定位置或对象平行的标注。

启动对齐标注的方法如下。

①菜单:【标注】→【对齐】。

②工具栏:【标注工具栏】→ (对齐标注)。

如图 5.30 所示，选择直线段的两个端点后，根据要求拖动尺寸线至合适的位置。

### 5.3.5 标注尺寸——角度标注

角度标注用来测量两条直线或三个点之间的角度。

启动角度标注的方法如下。

①菜单:【标注】→【角度】。

②工具栏:【标注工具栏】→ (角度标注)。

角度标注如图 5.31 所示。

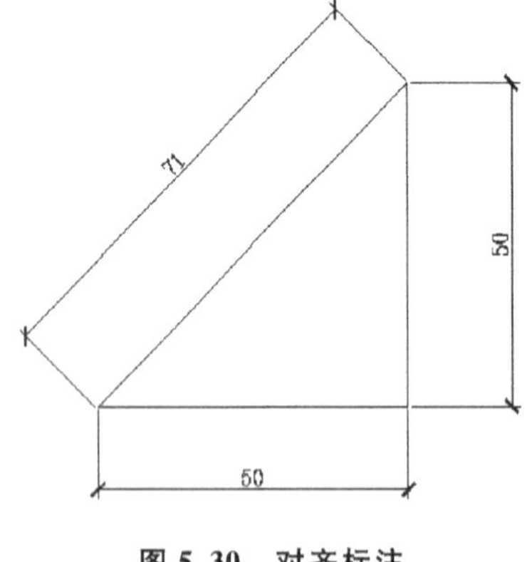


图 5.30 对齐标注

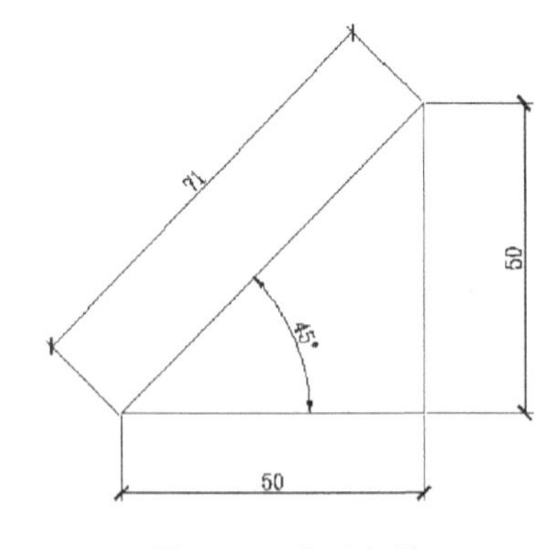


图 5.31 角度标注

### 5.3.6 标注尺寸——连续标注

连续标注是首尾相连的多个标注。用户在选择对象端点进行标注时，如采用线性标注，不仅两次标注需要重复选择公用的节点，而且两道尺寸线对齐时需进行捕捉以准确控制位置，否则将造成图纸不规范。使用连续标注可提高工作效率，不仅可避免两次捕捉同一个点，而且可保证尺寸线对齐。

启动连续标注的步骤和方法如下。

①菜单:【标注】→【线性】(解释:欲进行连续标注，首先需要执行1次标注，完成左端20 mm长直线段的标注;然后开始使用连续标注完成余下的工作)。

②菜单:【标注】→【连续】(解释:完成第1次标注后，马上执行连续标注的命令)。

此时命令行中显示:

命令: DIMCONTINUE (解释:使用菜单进行操作，命令行显示的内容)

指定第二条尺寸界线原点或[放弃(U)/选择(S)]〈选择〉:(解释:上一次操作所指定的第2个尺寸线原点默认是此次标注的第1个尺寸线原点，无须再次进行选择)

标注文字 = 10 (解释:程序显示的文字标注内容，此次标注完成)

指定第二条尺寸界线原点或[放弃(U)/选择(S)]〈选择〉:

连续标注如图5.32所示。

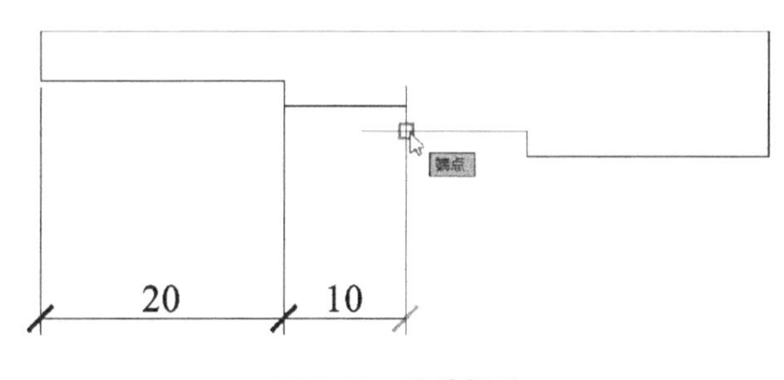


图5.32 连续标注

### 5.3.7 标注文字的修改

对标注的文字进行修改也是工程中屡见不鲜的事情，例如工程师打算对某个尺寸进行微小的调整，重新制图过于烦琐，对文字进行修改就非常必要；再就是某些情况下，标注中需要用文字进行说明，因此，需要对标注的尺寸进行文字的修改。

启动标注文字修改的方法如下。

①命令行：DDEDIT/ED。

②菜单：【标注】→【对象】→【文字】。

③鼠标：双击欲修改的标注文字。

上述操作都可以打开【文字编辑器】选项板，用户可以对文字内容、样式等进行修改。

另外，软件还包括"DIMEDIT"命令，用来旋转、修改或恢复标注文字；"DIMTEDIT"命令用来移动和旋转标注文字并重新定位尺寸线。

### 5.3.8 常见问题及解决措施

**1）文字重叠问题**

工程师经常需要在图纸中进行详细的尺寸标注，如图 5.33 所示，有时会产生文字重叠造成无法辨识的问题。虽然在制定标注样式时，可以在【调整】选项卡中进行【调整选项】的设置，但并不能完全解决问题。

用户可以采用"EXPLODE"命令或者输入"X"将尺寸分解，然后使用"MOVE"命令进行交错布置。对于尺寸标注，建议不进行分解，而是采用标注文字的夹点编辑功能。

在没有任何操作的情况下，用鼠标选中图形，可发现被选中图形显示特征点，如直线的两个端点和中点、圆形的 4 个 4 分圆点和圆心点、矩形的 4 个顶点等，此时默认的夹点颜色为蓝色，为冷夹点；移动鼠标至某个夹点使其变成红色，此时夹点编辑被激活，进入编辑状态。通常基本的几何图形可执行拉伸、移动、旋转、缩放或镜像的操作，实际上夹点编辑是【修改】工具栏中部分命令的组合。

对于尺寸标注中的文字重叠问题，标注文字进行夹点编辑有特殊之处，可使

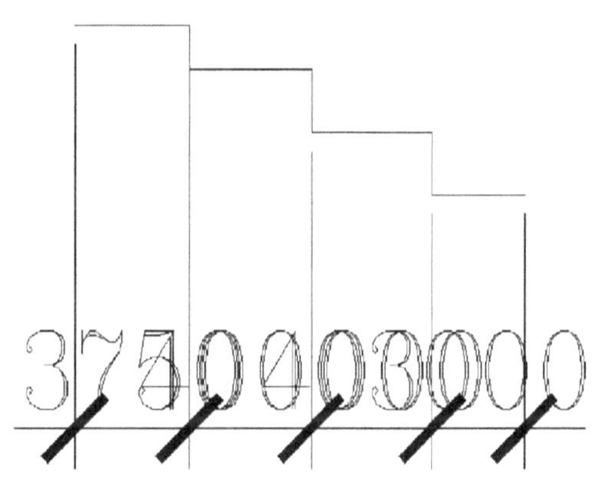


图 5.33 文字重叠

用户调整文字非常方便。

标注文字夹点编辑功能如下。

①在没有任何命令的情况下，鼠标选择欲修改文字的尺寸，如图 5.34(a)所示，共计 5 个夹点，其中包括文字定位的夹点。

②移动鼠标至文字夹点，至文字上的夹点显示成红色，此时弹出快捷菜单，如图 5.34(b)所示。

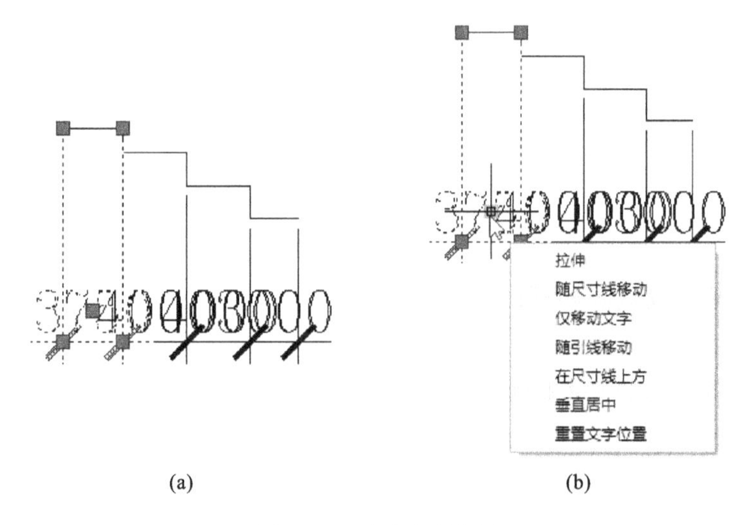


图 5.34 文字夹点编辑

(a)冷夹点;(b)激活夹点编辑

③选择“随引线移动”以调整文字位置，文字交错布置，如图 5.35 所示。

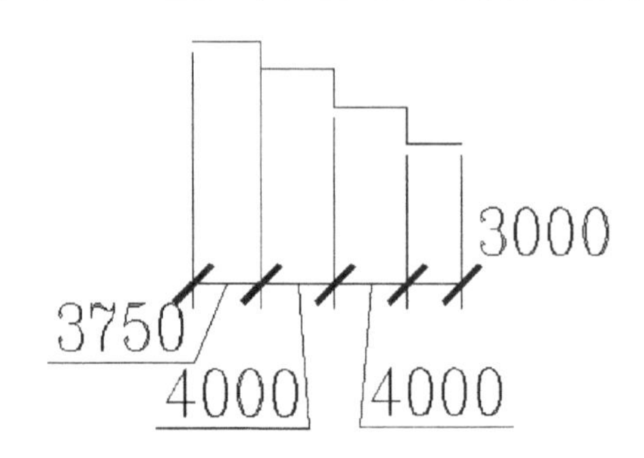


图 5.35 文字交错布置

**2）外轮廓不规则的尺寸标注**

如图 5.36 所示，由于图形外轮廓不规则，造成标注的尺寸界线长度参差不齐，影响图纸质量。在标注样式设置过程中，通过在选项卡【线】→【尺寸界限】→【起点偏移量】中设置距离可以控制尺寸界限长度一致，但是过程烦琐、效率低下，而且对于变化多端的建筑外形，设置如此多的样式也造成使用者无所适从。

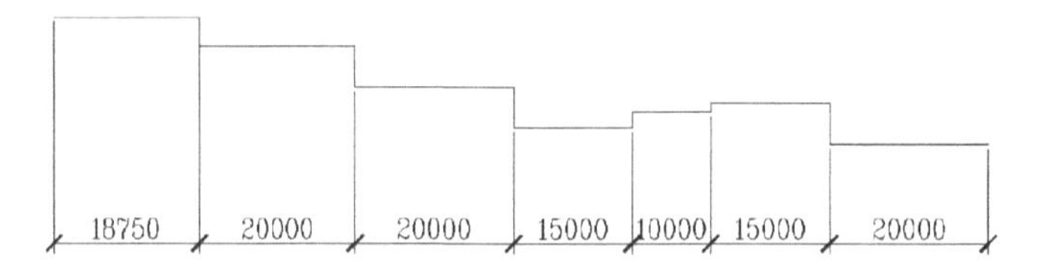


图 5.36 标注的尺寸界限长度不一

采用辅助手段可以解决该问题。

①绘制竖直构造线。

a. 菜单输入：【绘图】→【构造线】。

b. 命令行显示如下。

命令：XLINE（解释：命令行显示）

指定点或［水平(H)/垂直(V)/角度(A)/二等分(B)/偏移(O)］：v↙（解释：设置垂向构造线）

指定通过点：（解释：选择直线段的端点，逐一指定，如图 5.37(a)所示）

……

②绘制水平直线段。选择合适的位置，绘制水平直线段，如图5.37(b)所示。

③以辅助水平线段与竖直构造线的交点为端点，完成尺寸标注，如图5.37(c)所示。

④删除竖直构造线和水平直线段，如图5.37(d)所示。

图5.37(e)所示为最终的效果，可观察到尺寸界线长度统一、效果良好，工作效率也比较高。

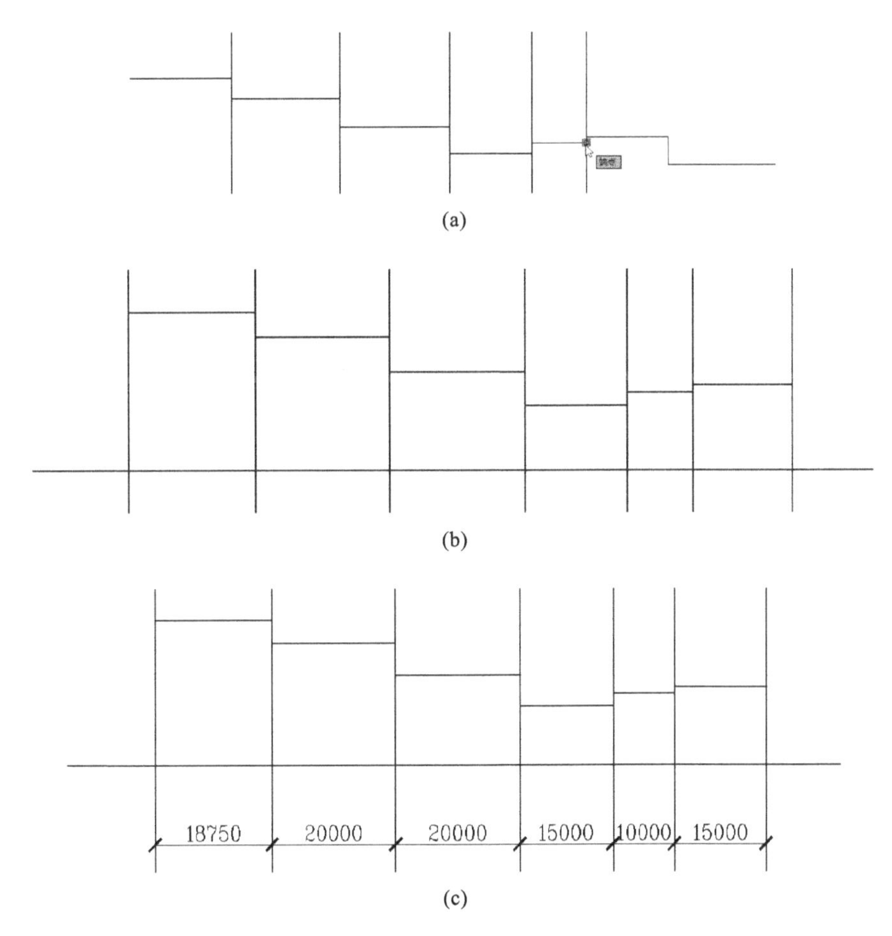


**图5.37　统一尺寸界线的长度**

(a)指定垂向构造线；(b)绘制水平辅助线以统一尺寸界限长度；(c)采用辅助线交点来标注尺寸；(d)ERASE竖直辅助线(采用交叉窗口选择方式)；(e)修整后的标注效果

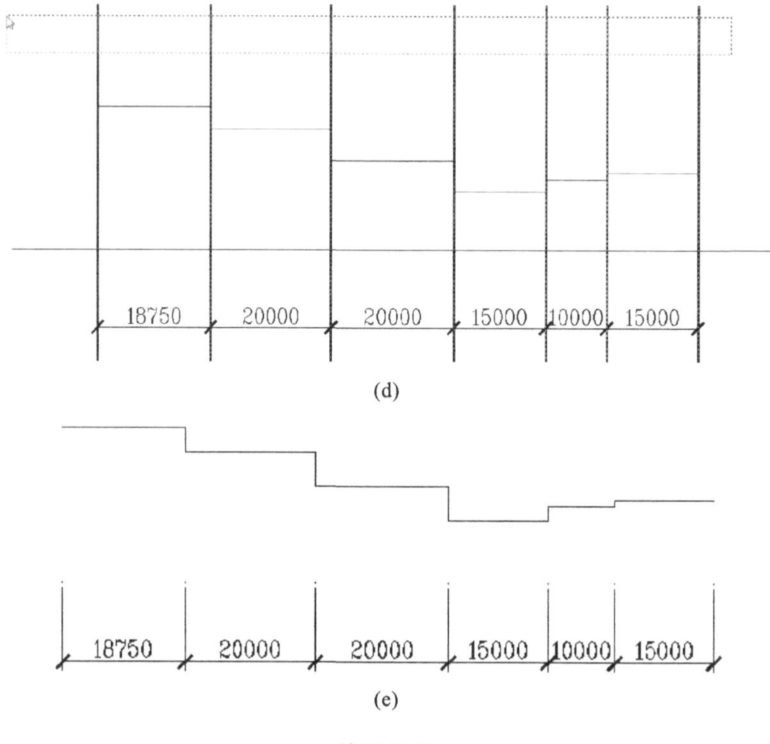


(d)

(e)

续图 5.37

**3）固定文字高度与文字高度为“0”的控制**

在【文字样式】对话框中，用户可以将字的高度定义为“0”，如定位“DIMT”的字高为“0”。在进行标注样式设置时，在选项卡【文字】中选择所设置的“DIMT”，【文字高度】一栏中的数字若可以进行修改，建议修改成“2.5”。如果该字体已经定义有确定的字高，则此处为灰色且不可修改。

**4）标注特征比例和测量单位比例**

在进行标注样式设置时，选项卡【调整】包括【标注特征比例】列表。顾名思义，这是用于设定全局标注比例值或图纸空间比例的。其中，【使用全局比例】为所有标注样式设置设定一个比例，这些设置指定了大小、距离或间距，包括文字和箭头大小。

选项卡【主单位】中包括【测量单位比例】列表，用来定义线性比例选项。【比例因子】选项用于设置线性标注测量值的比例因子，如果输入“2”，则 1 mm 直线的尺寸将显示为 2 mm。需要注意的是，该值不能应用到角度标注中。

# 5.4　综合训练

## 5.4.1　图层设置基本要求

图层的设置和管理是工程师的基本技能，本节以建筑平面图为例进行阐述。

建议设置轴线、墙体、文字标注、尺寸标注、图纸边界线和图框线。

图层颜色自定，一般将轴线设置为红色，其余可以选择相对比较鲜艳的颜色。

轴线的线型选择为点划线，用户可以选择 AutoCAD 软件中的 ACAD_ISO4W100，其余的为实线。

墙体为剖切到的对象，线型为粗线，选择 0.5 mm 线宽组；图框线为 0.5 mm 的粗线，其余为细线，一律为 0.18 mm。

设置图层后，如需使用某个图层，首先将其置为当前。用户可以采用工具栏方式操作，如在【图层】→【图层特性管理器】对话框中进行，或者在工具栏【图层】→【图层控制】中通过下拉列表进行操作。

## 5.4.2　文字设置基本要求

文字标注与手工绘制图纸的设置比较接近，由于采用计算机打印，所以汉字采用宋体更为合适；数字建议采用“complex. shx”“simplex. shx” “txt. shx”以及“hztxt”，都可以获得较为满意的效果。当然，根据所在公司的具体要求，用户也可以采用其他字体，但数字建议不采用宋体或者仿宋体。

此处设置 4 种字体，分别为 HZ15、HZ5、HZ3 和 DIMtext，字高分别为 15 mm、5 mm、3 mm 和 0 mm，建议 HZ15 采用黑体、DIMtext 采用 complex. shx，其余可以采用宋体。

## 5.4.3　标注样式

标注样式为 DIM200，此处“200”为选项卡【主单位】→【测量单位比例】中的设置。

标注样式为 DIM100，此处“100”为选项卡【主单位】→【测量单位比例】中的设置。

标注样式为 DIM50，此处“50”为选项卡【主单位】→【测量单位比例】中的设置。

# 第6章 综合训练——在模型空间绘制和打印图纸

**教学要求**

◇ 掌握在模型空间中进行绘图的基本设置；

◇ 掌握建筑施工图的基本规定；

◇ 掌握在模型空间中绘制多比例图形的方法；

◇ 掌握在模型空间中打印图纸的方法。

## 6.1 绘制单一比例施工图

### 6.1.1 土木工程专业图纸的基本知识

**1) 图纸与标准图框尺寸**

图纸幅面和图框尺寸应符合表6.1和图6.1的规定。图纸加长的规定参见表6.1。

**表6.1 图纸幅面和图框尺寸** （单位:mm）

| 尺寸代号 | A0 | A1 | A2 | A3 | A4 |
|---|---|---|---|---|---|
| $b \times l$ | 841×1189 | 594×841 | 420×594 | 297×420 | 210×297 |
| $a$ | 25 | | | | |
| $c$ | 10 | | | 5 | |
| $e$ | 20 | | 10 | | |
| 长边加长尺寸 | 1486 1783<br>2080 2378 | 1051 1261<br>1471 1682<br>1892 2102 | 713 891<br>1041 1189<br>1338 1486<br>1635 1783<br>1932 2080 | 630 841<br>1051 1261<br>1471 1682<br>1892 | |

注:表中 $b$ 为幅面短边尺寸,$l$ 为幅面长边尺寸,$c$ 为图框线与幅面线间宽度,$a$ 为图框线与装订边间宽度。

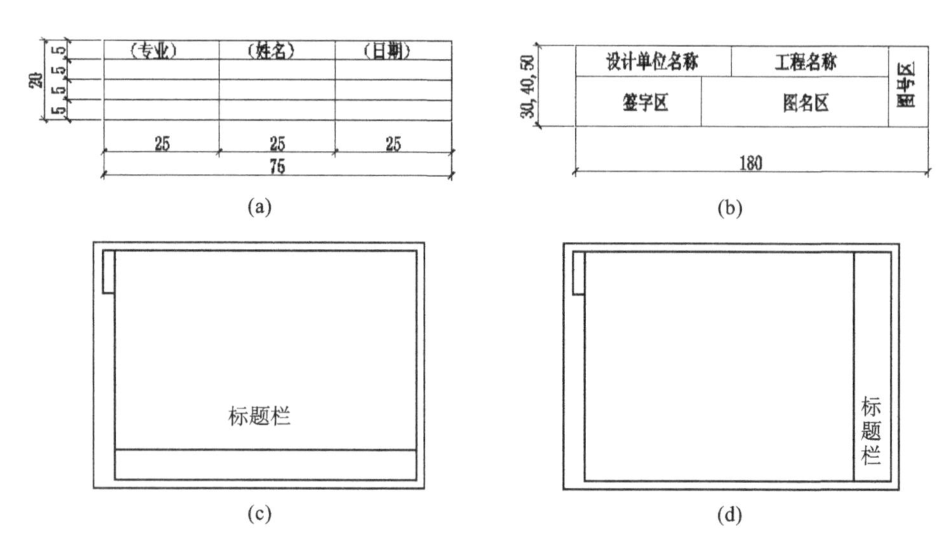


**图 6.1　图纸会签栏和标题栏样式**

(a)会签栏;(b)标题栏(简洁样式);(c)常见标题栏形式 1;(d)常见标题栏形式 2

**2）标题栏和会签栏**

图纸包括标题栏和会签栏，标题栏为图纸的相关信息，会签栏内填写会签人员的专业、姓名、日期等信息。

**3）图线**

图纸线宽 $b$ 从表 6.2 中选择。首先根据图形的复杂程度和比例确定基本线宽 $b$，从而确定其他线宽。建议 A0、A1 的图框线及标题栏的线宽分别采用 1.4 mm 和 0.7 mm，标题栏和会签栏的分格线的线宽可以采用 0.35 mm；A2、A3、A4 的图框线及标题栏的线宽分别采用 1.0 mm 和 0.7 mm，标题栏和会签栏的分格线的线宽可以采用 0.35 mm。

**表 6.2　线宽组**　(单位:mm)

| 线宽比 | 线宽组 | | | |
|---|---|---|---|---|
| $b$ | 1.4 | 1.0 | 0.7 | 0.5 |
| $0.7b$ | 1.0 | 0.7 | 0.5 | 0.35 |
| $0.5b$ | 0.7 | 0.5 | 0.35 | 0.25 |
| $0.25b$ | 0.35 | 0.25 | 0.18 | 0.13 |

**4）比例**

比例需要根据图纸用途及工程的复杂程度确定，见表 6.3。比例宜注写在图名右侧，字底取平，字高比图名小 1 号或 2 号。

**表 6.3　绘图比例**

| | |
|---|---|
| 常用比例 | 1∶1、1∶2、1∶5、1∶10、1∶20、1∶50、1∶100、1∶150、1∶200、1∶500、1∶1000、1∶2000 |
| 可用比例 | 1∶3、1∶4、1∶6、1∶15、1∶25、1∶40、1∶60、1∶80、1∶250、1∶300、1∶400、1∶600、1∶5000、1∶10000、1∶20000、1∶50000、1∶100000、1∶200000 |

## 6.1.2　设置图层

土木工程专业施工图中的各种构件、文字和尺寸标注应使用相应图层。如建筑施工图中通常包括“墙”“柱”“门”“窗”“门开启线”“楼梯”“楼梯扶手”“女儿墙”“室外台阶”“卫生间设备”“厨房设备”以及“家具”等设施，可以根据具体的名称设置对应的图层名，如“墙”“柱”等图层。当绘制图 6.2 所示建筑平面图时，因

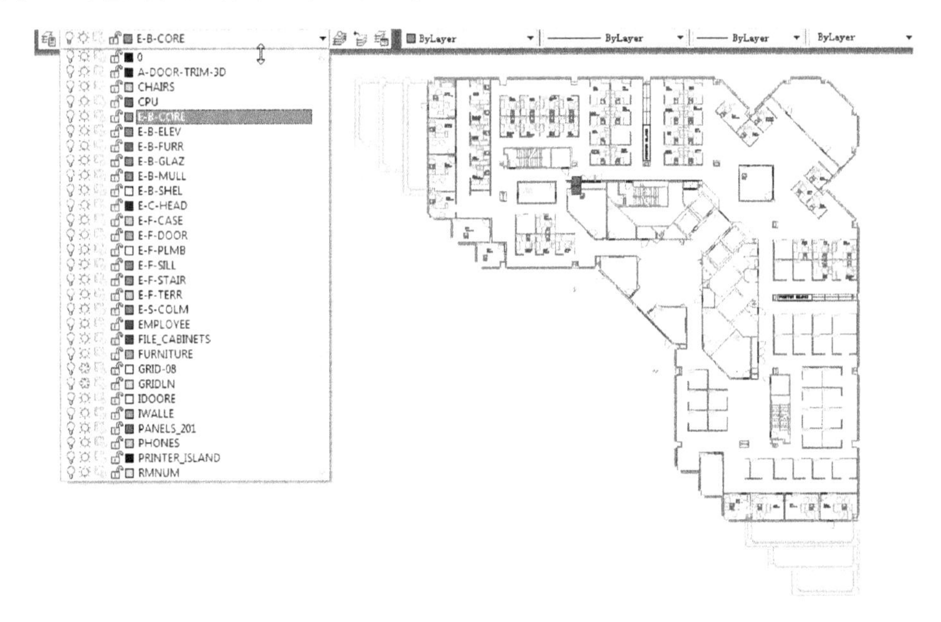


**图 6.2　建筑平面图示例 1**

存在玻璃幕墙、H 型钢柱、内墙隔断、工作间隔断、桌子、椅子、计算机、电话机、工作人员名字、电梯、门等构件，该图共设置了 29 个图层，名称包括“CHAIRS”“CPU”“E-F-DOOR”“EMPLOYEE”“PHONES”等，内容比较详细。对于初学者，该图层所采用图层名有借鉴意义。

另外，图纸中一般包括“轴线编号”“索引符号”“文字说明”“尺寸标注”“标题栏信息”“会签栏信息”等标注内容，因此，也需要设置相应的图层。

综上所述，建筑平面图建议设置轴线、柱、构造柱、墙体 P(被剖切的构件)、墙体 T(未剖切的墙体)、门、门开启线、窗扇、楼梯、楼梯扶手、室内设施(包括家具、厨具和洁具)、文字标注、尺寸标注、图纸边界线、图框线和图框分割线等图层。

另外，通过辅助线绘图，效率甚至比软件提供的功能还要高，因此，设置“辅助图层”应更有帮助。用户可以在【特性】选项板通过按钮（快速选择 QSELECT）选择该层上所有对象，然后执行删除命令，或者将其设为“关闭”和“不打印”，既可以不显示该图层的对象，最终也无须进行打印。

### 6.1.3 设置文字、标注

6.1 节阐述如何在模型空间进行绘图和打印图纸，这种方法相对比较简单，与手工绘制图纸有相似之处。文字和标注的设置可以使用两种模式：一种是和手工的设置完全相似，将文字高度和标注中短划线等标注属性设置为几毫米，此处以这种方式进行阐述；当然也可以设置为几百毫米，这是另外一种方式。

**1) 文字设置**

根据图纸需要，文字设置 5～8 种即可。第 1 种用于书写较大的字体，如类似“建筑设计说明”“结构设计说明”等图纸标题，字高在 10～20 mm，可以采用黑体或者宋体；第 2 种用于书写图名，字高为 5～10 mm，可采用宋体；第 3 种用于书写图中的文字说明，如房间的名称、设备的名称等用于建筑物内部的标注，字高在 3～5 mm 即可；第 4 种用于书写数字，一般采用 2.5 mm 字高即可，建议采用“complex.shx”“simplex.shx”“txt”“hztxt”等字体；第 5 种用于标注轴线编号，可适当大一点，字高建议采用 7 mm，字体建议为“complex.shx”；第 6 种用于图名后的比例尺的注写，建议比图名小 1 个或者 2 个字号；标题栏因模式不一，一般需要设置 2～3 种。字体的宽高比根据规范规定为 2/3，对于打印的字体，汉字字高采用 0.8 mm 的效果较好，数字字高采用 0.7 mm 也可以获得较好的效果。

简洁且便于识别的样式名是非常必要的。一般不建议采用软件默认的“样式1”“样式2”，因为用户无法清晰地辨别“样式1”“样式2”具体用于何处。建议设置HZ20、HZ10和DIM2.5等直观的样式名，也可以设置成“大标题20”“图名10”“注写比例7”“轴线编号7”“数字2.5”等名称，更为方便。

**2）标注样式**

工程中采用1∶100的比例尺的图相对较多，建议设置DIM100，此处“100”表示具体的比例尺。

需要注意的是，土木工程中图纸采用的是短划线，需要在标注样式对话框的选项卡【符号与箭头】中选择“建筑标记”，选项卡【文字】中选择所设定用于尺寸标注的样式“DIM2.5”，选项卡【主单位】中将【单位格式】中的下拉列表选择“小数”、精度为“0”即可，选项卡【测量单位比例】中将【比例因子】设置为“100”。

在尺寸标注中，尺寸线、尺寸界线、短划线、文字的颜色、线型及线宽等一律设置为“ByLayer”，对后期图纸打印更为方便。

**3）多线样式设置**

建筑施工图中采用“MLINE”(多线)绘制墙体比较方便，用户可专门设置墙体样式，采用软件默认的“STANDARD”也可以满足绘图要求。需要注意的是，必要时对图元进行偏移。

当然，采用“COPY”或者“OFFSET”也非常方便。

**4）点样式设置**

设置点样式对高效率的绘图是非常必要的，用户可以选择适当的样式，将其大小设置为“相当于屏幕设置大小”且取默认的“5%”即可。该模式用于对绘图对象进行等分是非常必要的。

**5）绘图便捷设置**

图6.3(a)所示为状态栏的设置，建议设将“正交”“对象捕捉”置于打开的状态。通常也需要对【对象捕捉】进行适当设置，建议如图6.3(b)所示，首先单击【全部选择】，然后去除“最近点”，一般可以完成土木工程图纸的绘制和编辑工作。此处使用快捷键更为方便，如“F3”和“F8”。

INFER 捕捉 栅格 正交 极轴 对象捕捉 3DOSNAP 对象追踪 DUCS DYN 线宽 TPY QP SC AM

(a)

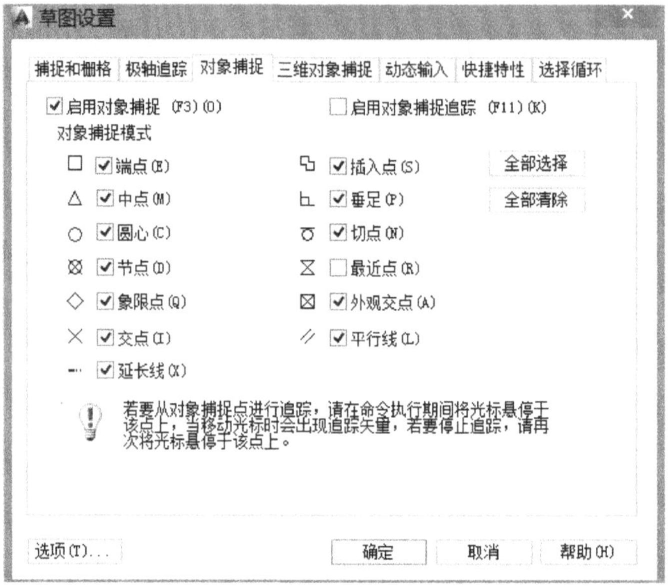

草图设置

捕捉和栅格 极轴追踪 对象捕捉 三维对象捕捉 动态输入 快捷特性 选择循环

☑启用对象捕捉 (F3)(O) ☐启用对象捕捉追踪 (F11)(K)

对象捕捉模式

☑端点(E) ☑插入点(S) 全部选择

☑中点(M) ☑垂足(P) 全部清除

☑圆心(C) ☑切点(N)

☑节点(D) ☐最近点(R)

☑象限点(Q) ☑外观交点(A)

☑交点(I) ☑平行线(L)

☑延长线(X)

若要从对象捕捉点进行追踪，请在命令执行期间将光标悬停于该点上。当移动光标时会出现追踪矢量，若要停止追踪，请再次将光标悬停于该点上。

选项(T)... 确定 取消 帮助(H)

(b)

**图 6.3 绘图便捷设置**

(a)状态栏设置;(b)【对象捕捉】选项卡设置

### 6.1.4 建筑平面图特点分析

由图 6.4 可知,该建筑平面图包括 2 个单元,为 1 梯 2 户的建筑布局,两个单元关于轴线①对称,第 1 单元的 2 户关于轴线⑥对称。因此可先绘制①～⑥之间的对象,再以轴线⑥作为对称轴形成第 1 单元;然后以轴线⑪为对称轴,对称形成整个图形。

与手工绘图的方式有所不同,在 AutoCAD 软件中采用 1∶1 比例绘制所有图形,然后再采用“SCALE”命令缩小至预计的比例。

### 6.1.5 绘制轴线

详细绘制出轴线①～⑥和Ⓐ～Ⓔ之间的轴线。为便于分辨,暂时标注出这几处轴线编号,字体大小自定。由于建筑物上部墙体的轴线琐碎,仅绘制出下部墙体⑥～㉑的定位轴线。

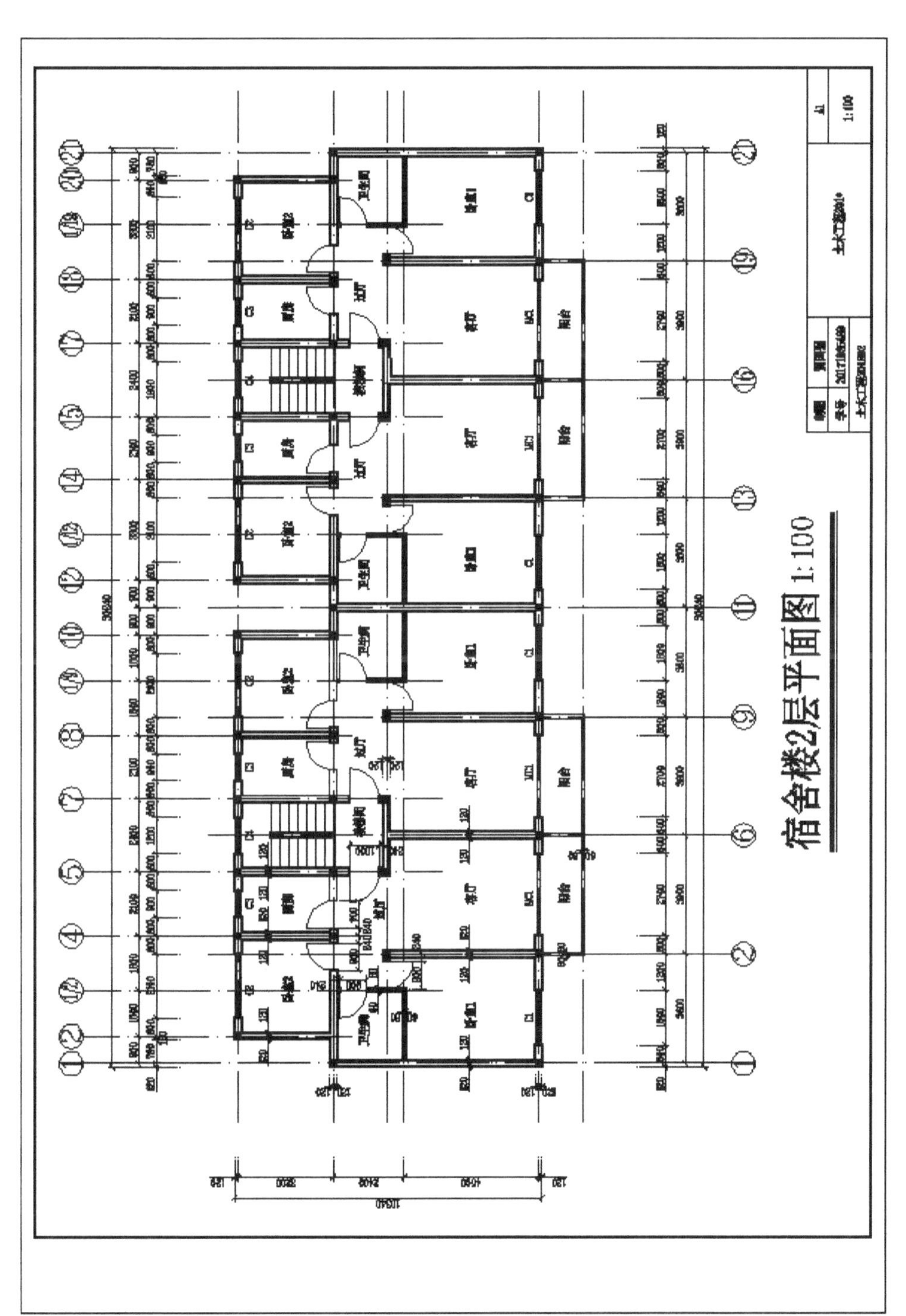


图 6.4　建筑平面图

轴线不宜分段绘制。如轴线①被轴线Ⓐ、Ⓑ、Ⓒ、Ⓓ和Ⓔ分割，分段绘制会导致点划线显示不符合制图规范，因此，应绘制出轴线①在Ⓐ～Ⓔ之间的全长。另外，为绘制墙体和标注方便，轴线①的长度应适当长一点。轴线①在Ⓐ～Ⓔ的全长为 11600 mm，此处绘制 14155 mm。

轴线③、⑥等可通过“COPY”或者“OFFSET”生成。

轴线②、④、⑤用于定位上部墙体，为避免轴线过多影响分辨，仅在上部绘制上述轴线，如图 6.5 所示。

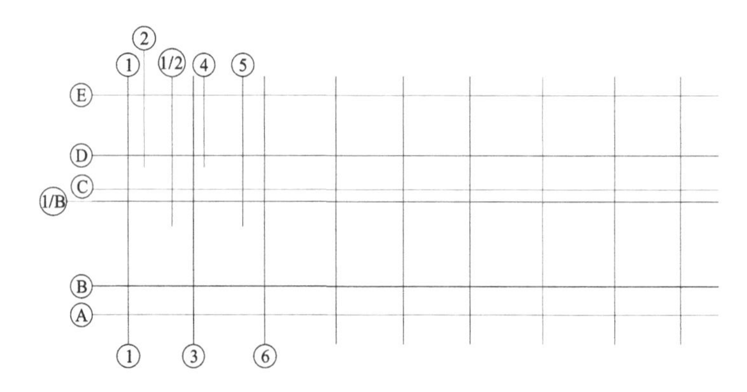


**图 6.5　绘制轴线**

### 6.1.6　绘制墙体

“MLINE”命令绘制双线墙比较方便。用户可以直接使用软件自带的 STANDARD 进行绘制，注意命令行中对“对正(J)”和“比例(S)”的设置要求。另外，软件默认两个元素之间的间距为 1 mm 且上下两元素的偏移分别为＋0.5 mm 和－0.5 mm。此处将“对正”设置为“Z”、比例设置为“240”以绘制 240 mm 厚的墙体。

在轴线①～⑥和Ⓐ～Ⓔ之间绘制出客厅、卧室 1、卧室 2、卫生间、厨房和阳台四周的墙体。房间内有部分隔墙，其厚度为 120 mm。注意“比例(S)”的调整，如图 6.6 所示。

当然，使用“OFFSET”并注意“图层(L)”的调整也非常方便。也有用户更习惯使用“COPY”或者将“OFFSET”和“COPY”组合使用。

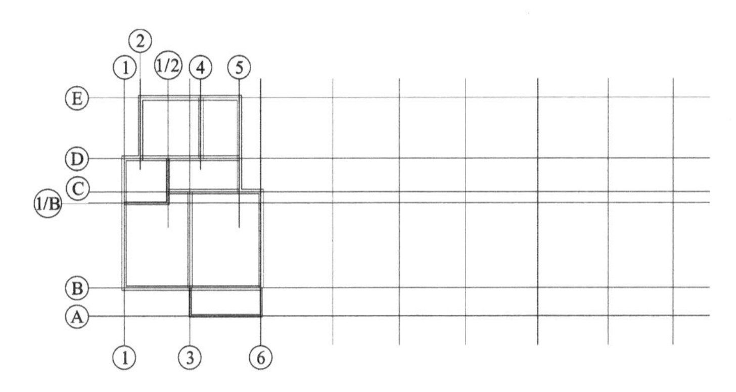


图6.6　完成①～⑥和Ⓐ～Ⓔ的墙体

### 6.1.7　修剪墙体和洞口

修剪墙体交接处和墙体的门、窗洞口可以使用“TRIM”命令。

用“MLINE”命令绘制的对象需要使用“MLEDIT”命令启动【多线编辑工具】对话框，且该编辑工具使用并不方便，建议将“MLINE”绘制的墙体使用“EXPLODE”命令进行分解，然后使用“TRIM”“EXTEND”“CHAMFER”或者“FILLET”进行编辑，完成墙体交接处的处理和门、窗洞口的开设。

修剪门、窗洞口的关键之处在于洞口两端墙体的定位，可以使“OFFSET”轴线以定位墙体，此时注意需将图层“墙体P”设置为当前图层且在“OFFSET”中调整参数“图层(L)”，如图6.7所示。

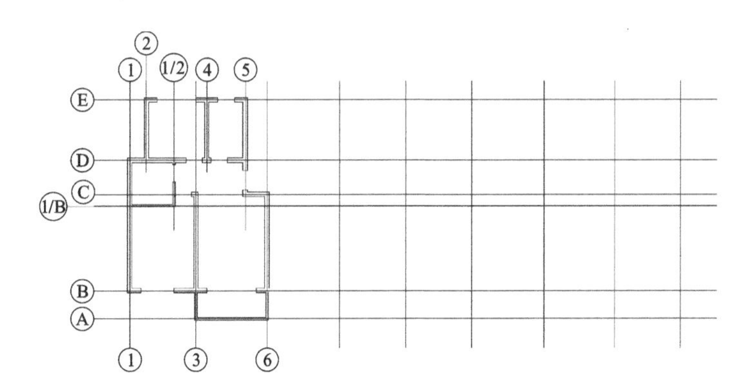


图6.7　修剪洞口

### 6.1.8 绘制门扇和窗扇

在洞口处添加门扇和窗扇。

门扇的画法多样，此处采用最简单的 4 线窗，即 2 条线代表窗扇、2 条线代表此处被投影到的墙体。采用“DIVIDE”命令进行等分，如图 6.8 所示。

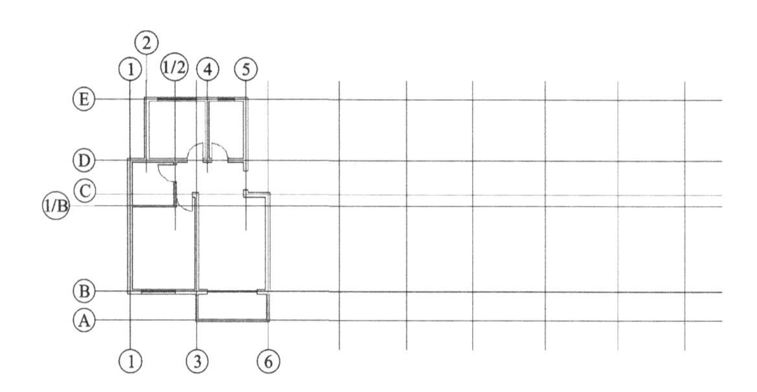


图 6.8 绘制门扇和窗扇

### 6.1.9 添加构造柱

在墙体交接处添加构造柱。构造柱可以采用“PLINE”绘制，或者在墙体交接处采用“RECTANGLE”绘制柱外轮廓，然后使用“HATCH”命令进行填充。完成一个构造柱后，使用“COPY”进行复制更为方便，如图 6.9 所示。

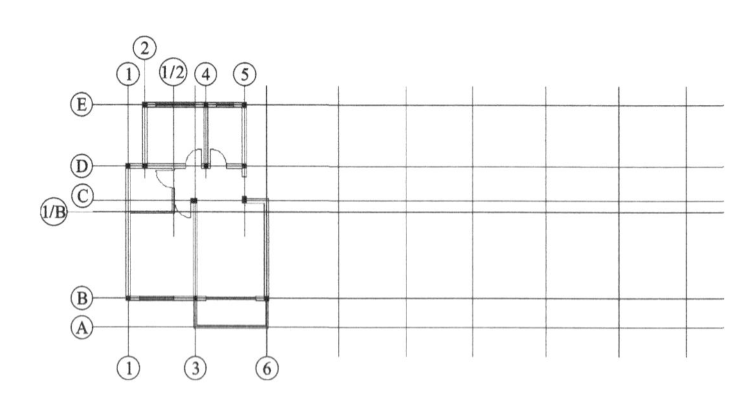


图 6.9 完成构造柱

### 6.1.10　镜像完成全图

第1次镜像以轴线⑥为对称轴，第2次镜像以轴线⑪为对称轴，如图6.10所示。

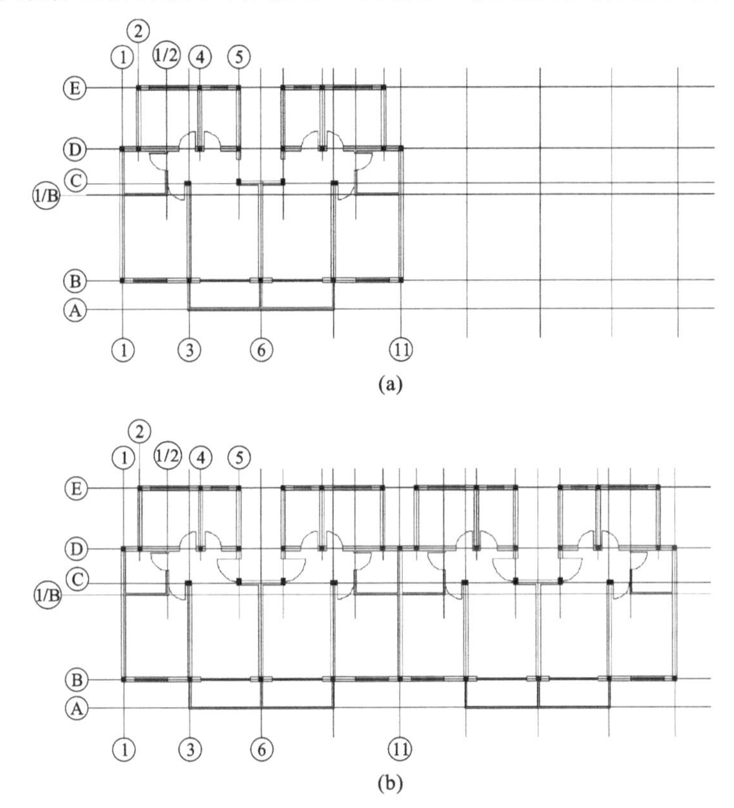


**图6.10　两次镜像完成全图**

(a)第1次镜像；(b)第2次镜像

### 6.1.11　细节补充和调整

绘制左侧单元的楼梯，然后COPY至右侧单元楼梯间处，如图6.11所示。

### 6.1.12　绘制图框并将对象进行缩小

绘制A3图框，图纸边界线为420 mm×297 mm。

选择所绘制的所有图形，使用命令“SCALE”缩小1/100。将图形插入至A3图框中，注意留出足够的空间以标注尺寸、轴线编号和图名，如图6.12所示。

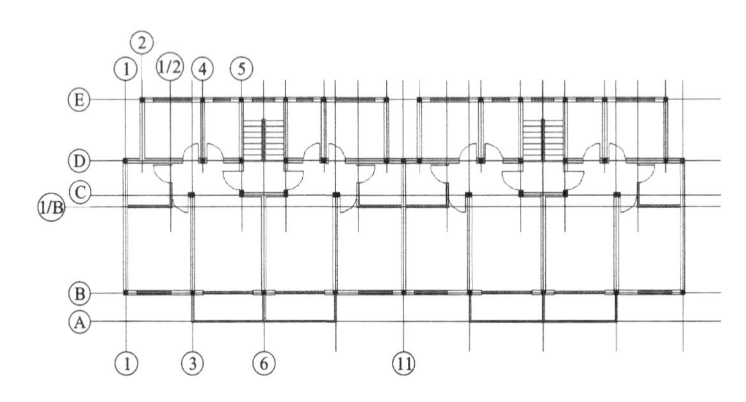


图 6.11　细节补充和调整

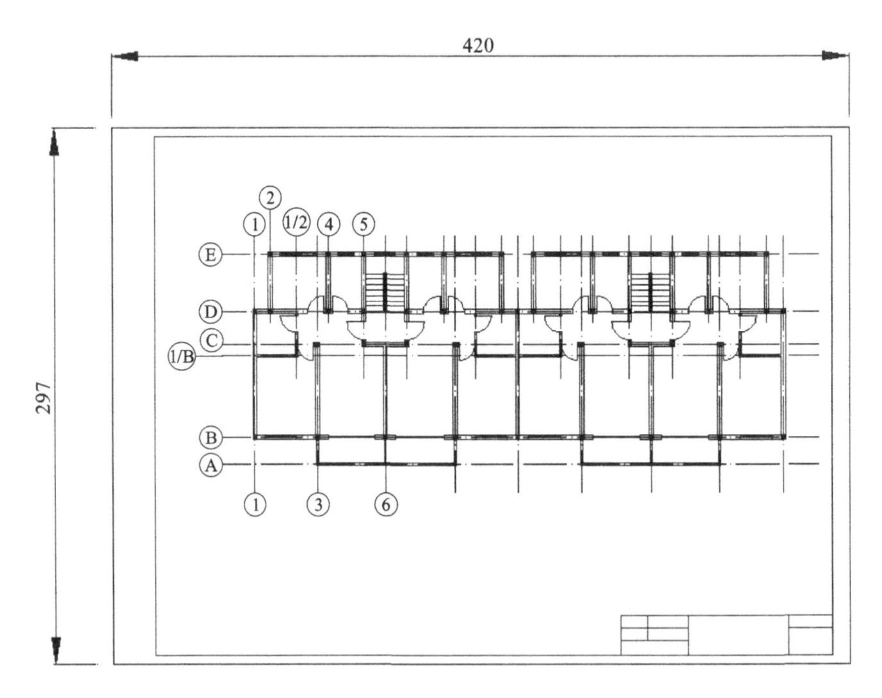


图 6.12　将图形插入至 A3 图框

## 6.1.13　尺寸标注

用于房屋下侧和左、右两侧的外轮廓并不整体，而标注尺寸时需要使用捕捉功能以精确定位尺寸线原点，这导致尺寸界线长短不一，影响图面效果。建议采用“XLINE”命令，通过指定点绘制水平线和垂直线；然后在合适的位置绘制一条直线确定，从而与 XLINE 形成一系列的节点。通过捕捉节点可控制尺寸界线的整体。

逐一标注尺寸非常烦琐，可使用连续标注；对尺寸进行镜像和复制更为方便。

完成所有的尺寸标注后，删除构造线和辅助线，如图 6.13 所示。

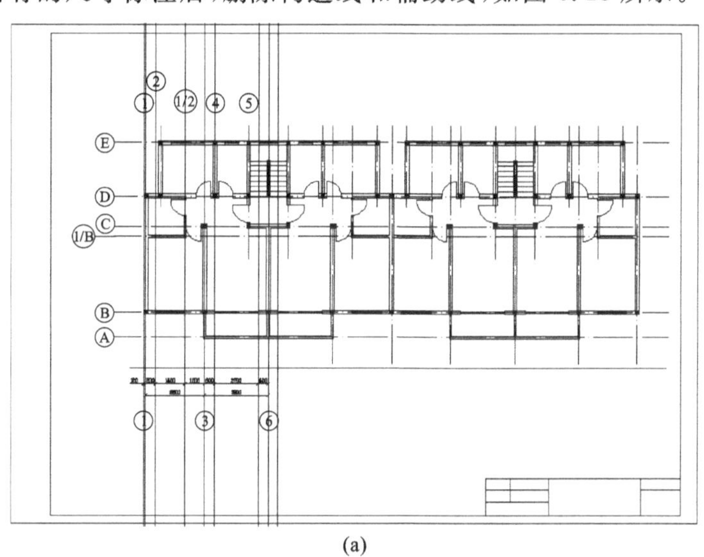


(a)

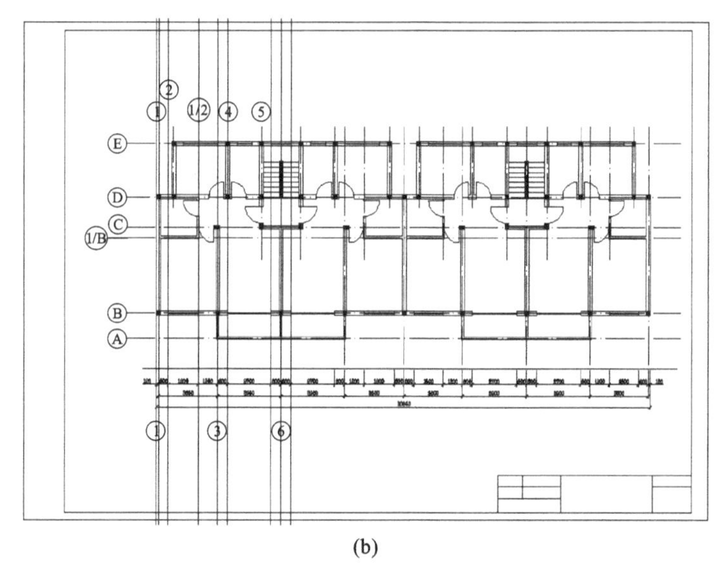


(b)

**图 6.13　尺寸标注**

(a)完成下部部分尺寸的标注；(b)镜像生成下部尺寸的其余部分；

(c)完成上部部分尺寸标注；(d)镜像完成其余的尺寸标注

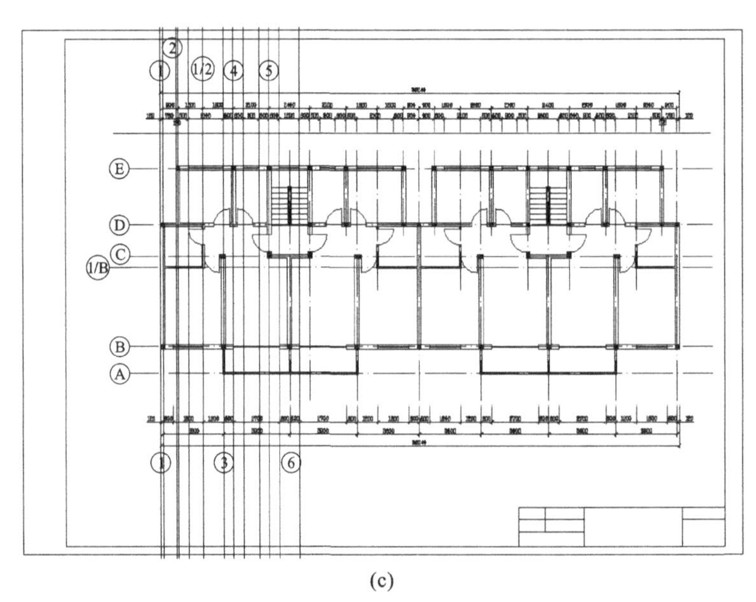


(c)

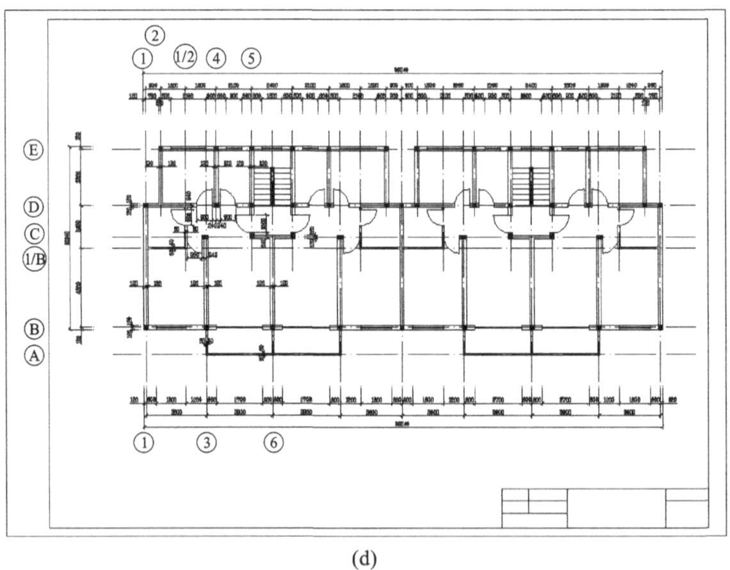


(d)

**续图 6.13**

### 6.1.14 添加轴线编号和文字

根据图纸和建筑平面图的具体情况，对图形进行适当调整。建议适当延长轴线以便于填写轴线编号，绘制辅助线并将轴线进行 EXTEND，如图 6.14(a)所示。

完成建筑平面图其他文字标注，如图 6.14(b)所示。

补充完成其他标注，如图 6.14(c)所示。

进行最后的调整，如图 6.14(d)所示。

### 6.1.15 打印图纸

鼠标单击或者单击菜单【文件】→【打印】可打开【打印一模型】对话框，用户需要选择已经安装的打印机和图纸尺寸(需要和预设的图纸对应，否则将不符合预期效果)。

另外，还需要用户在【打印区域】→【打印范围】列表中选择“窗口”，命令窗口的提示如下。

命令：PLOT

指定打印窗口

指定第一个角点：指定对角点：(解释：根据提示，选择图纸边界的两个对角点以确定打印区域)

在【打印比例】→【布满图纸】前的“□”选择“√”。

【图纸方向】包括“纵向”和“横向”两个选择，根据具体情况选用。

打印的具体过程如图 6.15 所示。

通过图 6.15(f)的预览，可以对整个图形的打印效果进行观察，从而及时进行调整。

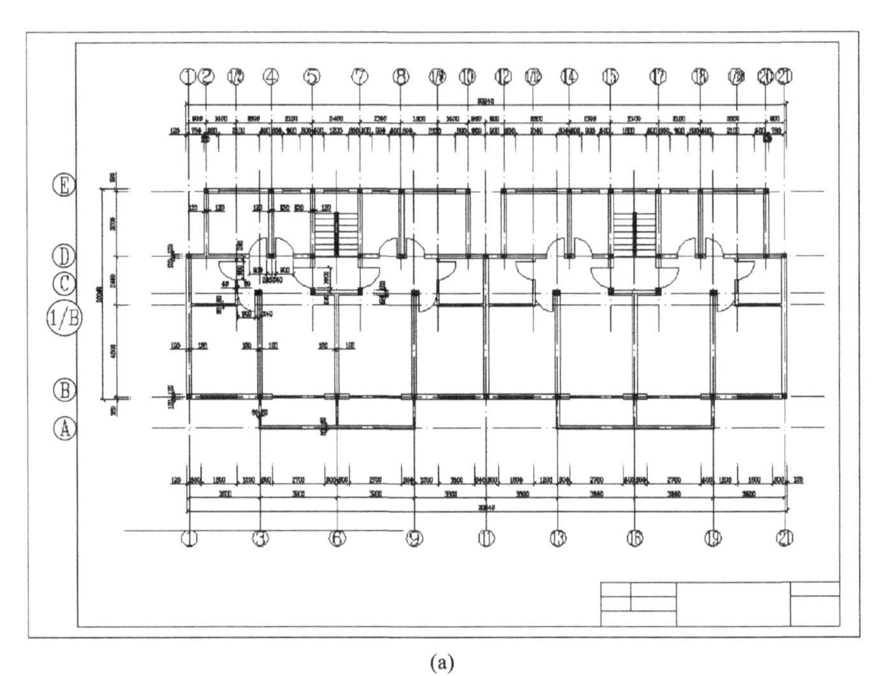

(a)

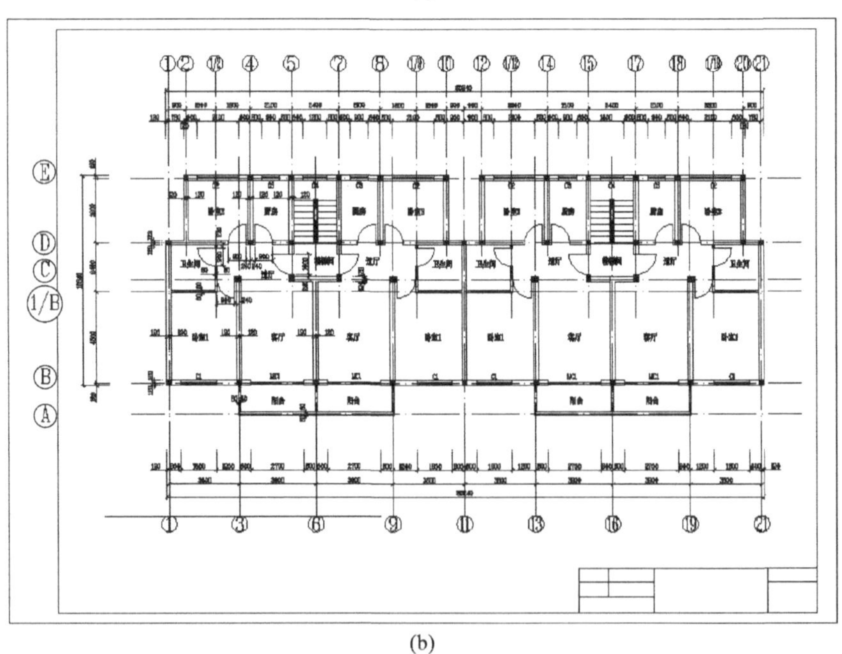

(b)

**图 6.14　添加轴线编号和文字**

(a)镜像生成下部尺寸的其余部分;(b)添加文字;(c)补充其他文字;(d)调整

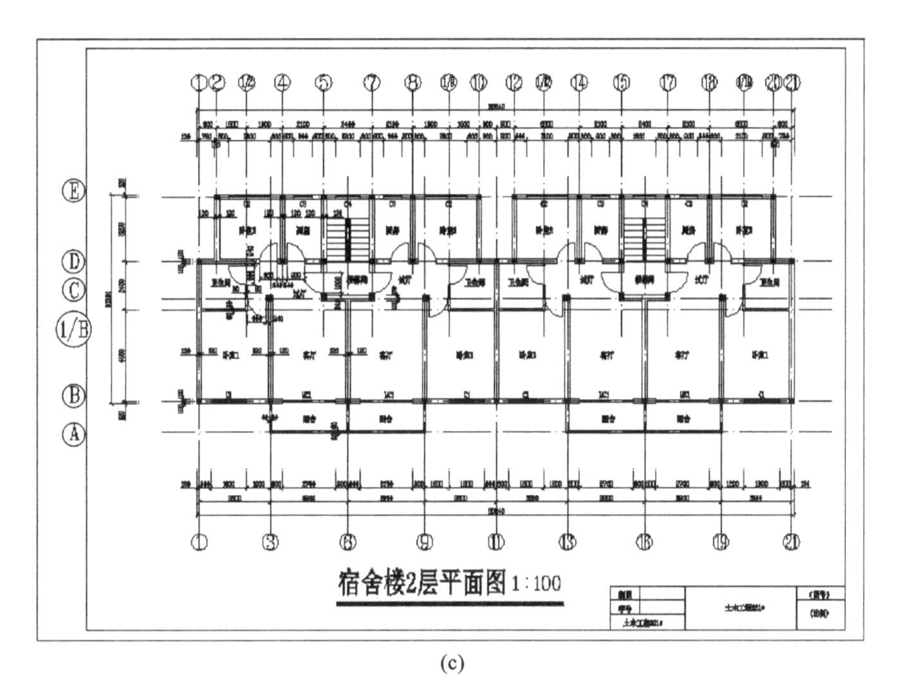


(c)

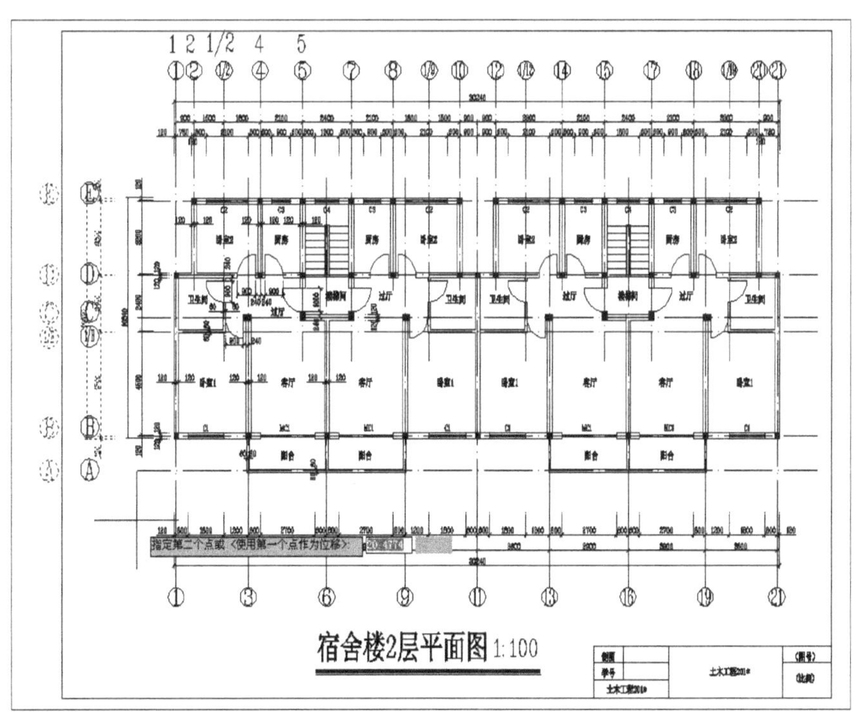


(d)

**续图 6.14**

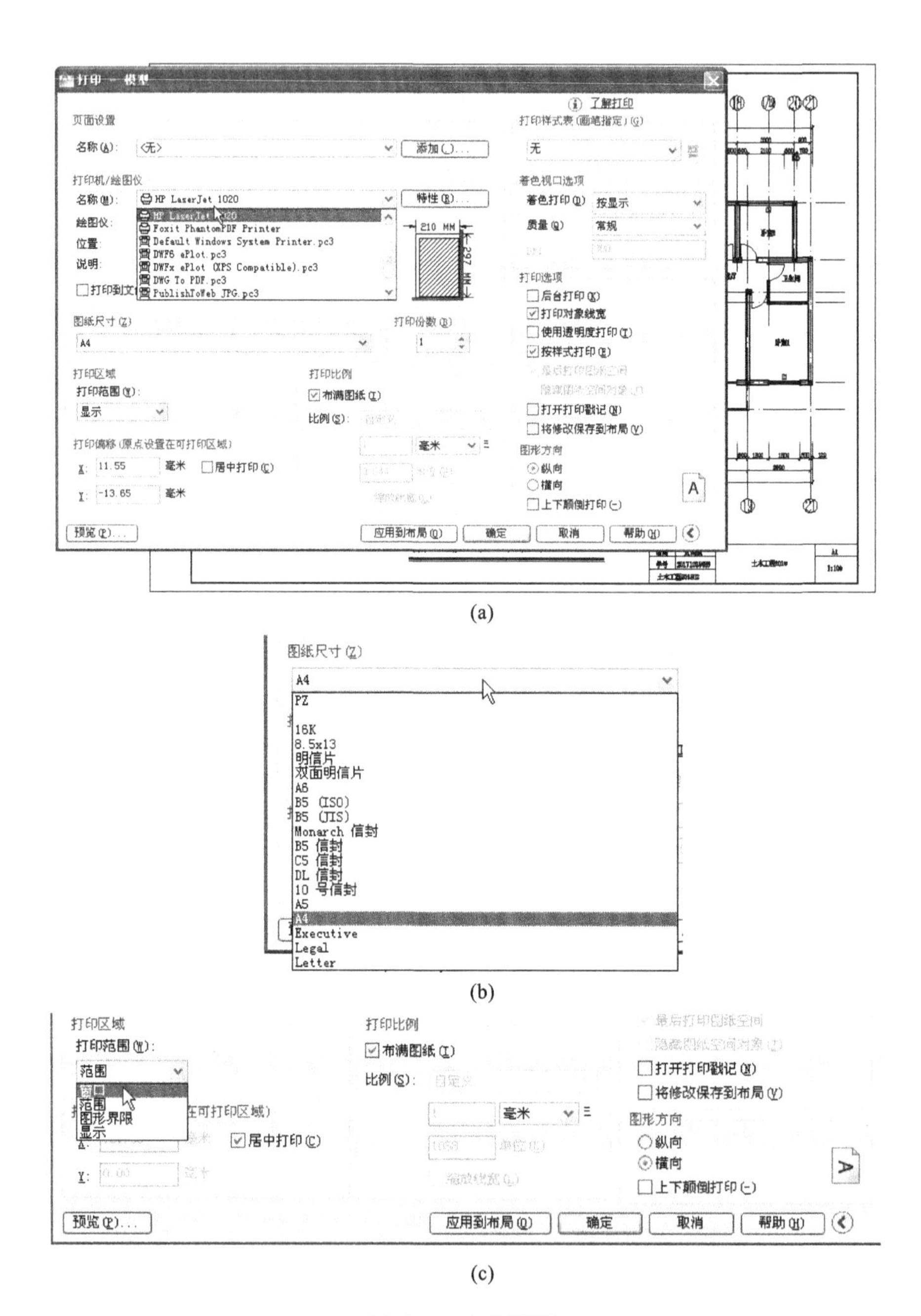

图 6.15　打印图纸

(a)选择打印机/绘图仪；(b)选择图纸尺寸；(c)选择“窗口”方式及其他设置；

(d)指定第 1 个角点；(e)指定对角点；(f)预览

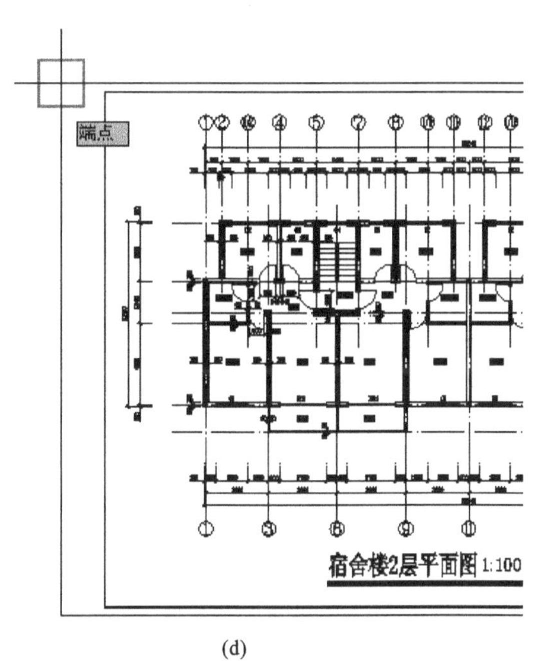


(d)

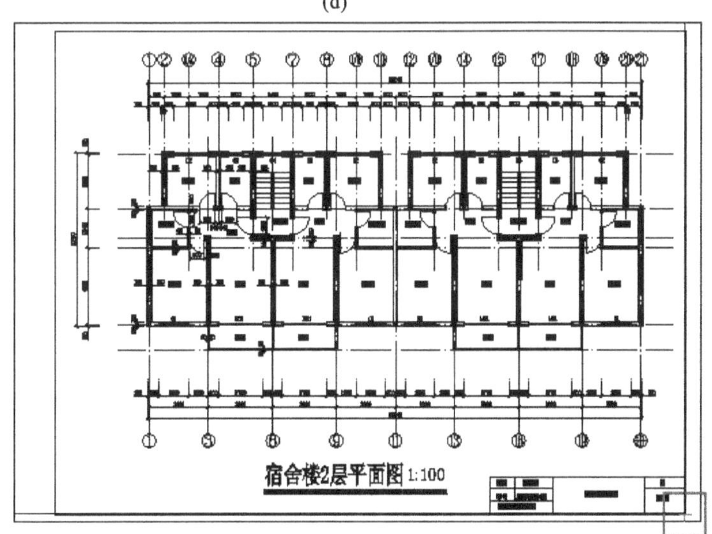


(e)

**续图 6.15**

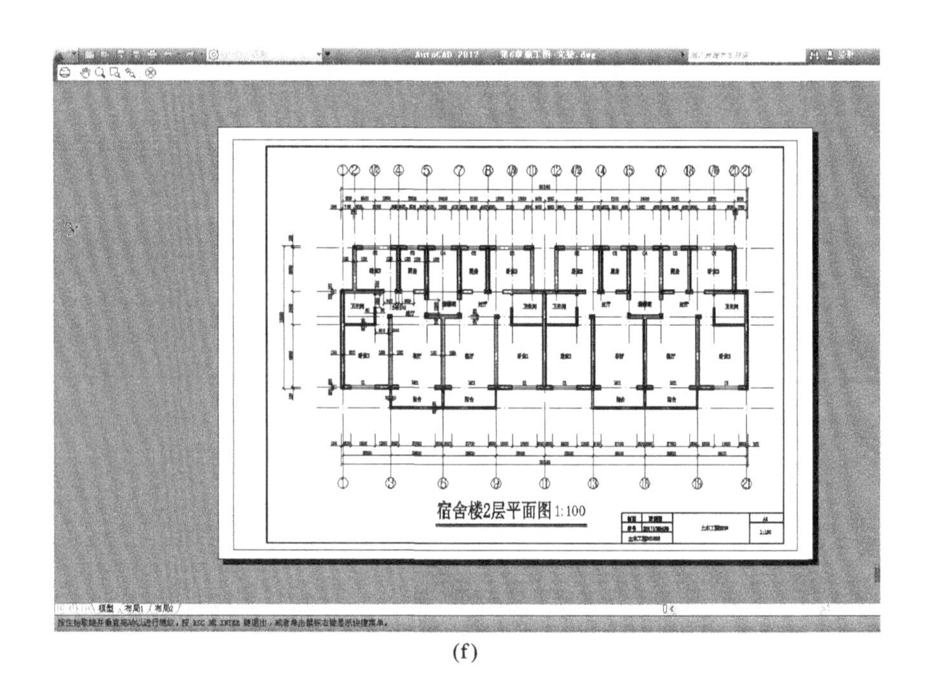


(f)

续图 6.15

## 6.2 绘制多个比例施工图

工程中经常出现一张图纸中包含多个比例尺，如 1∶100、1∶50、1∶10 等。

用户可以按照 6.1 节中所阐述的内容逐一完成基本设置、绘制轴线、绘制墙体、修剪墙体和洞口、绘制门窗，以及添加其他构件和设施等工作。需要注意的是，在设置尺寸标注样式时需要根据所要求的比例，分别设置 DIM100、DIM50 和 DIM10，这 3 个标注样式的差别在于选项卡【主单位】→【测量单位比例】→【比例因子】的设置不同，分别为 100、50 和 10。

在执行 6.1 节时，需要将图形按照所要求的比例逐一进行缩小。

进行标注时，不同的图形需要将不同的标注样式置为当前，然后进行标注。

DIM50 和 DIM10 的差别，如图 6.16 所示。

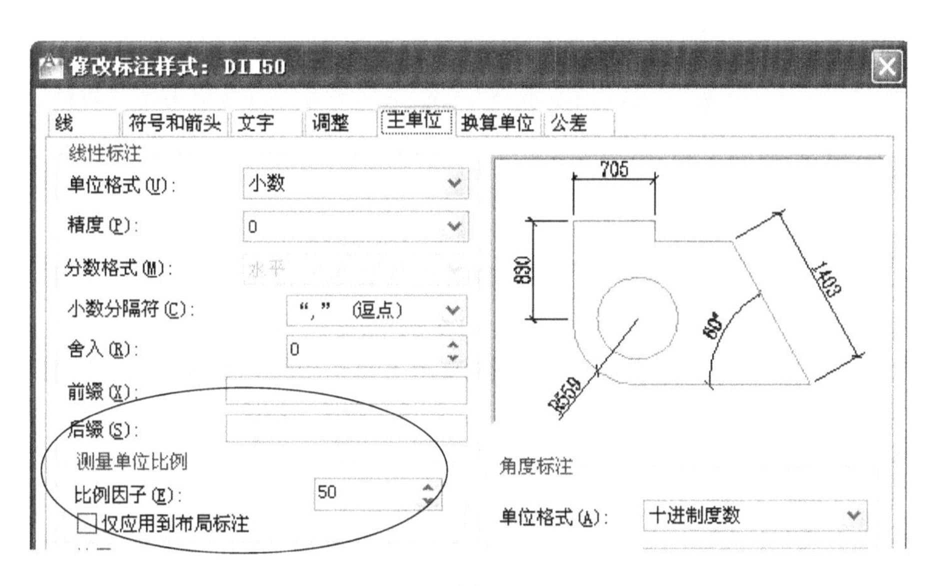


(a)

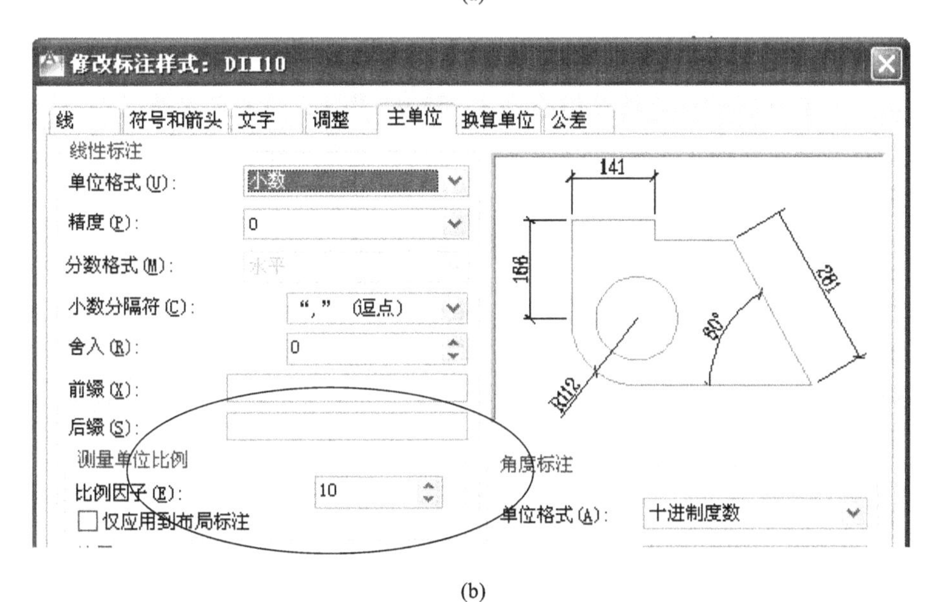


(b)

**图 6.16 【测量单位比例】|【比例因子】**

(a)比例因子为“50”;(b)比例因子为“10”

## 6.3 综合练习

### 6.3.1 文字练习

文字练习的基本要求如下。

①图纸采用A4纸，自己根据所掌握的工程制图的规范和知识进行排版。

②文字建议设置为3种，样式分别命名为HZ10、HZ5和HZ3。

③设置4个图层，分别命名为幅面线、图框线、标题栏线和文字。线型和宽度，用户可根据所掌握的知识自定。

**1）文字练习1**

**结构设计总说明**

1. 本设计为某建筑工程有限公司的职工公寓。

2. 本工程为砌体结构，设计使用年限为50年，基础设计等级为丙级，结构的安全等级为二级，砌体施工质量控制等级为B级。

3. ±0.000所对应的绝对标高为23.50 m，混凝土结构的环境类别：地面以下与土壤直接接触的为二b类；地面以上除卫生间及屋面板为二a类、露天环境为二b类外，其余为一类。

4. 本工程抗震设防烈度为八度，设计基本地震加速度值为0.20 g(设计地震第一组)，场地类别为一类。

5. 结构计算程序采用中国建筑科学研究院编制的PK-PM系列辅助设计软件(2018)。

6. 本设计图纸中所注尺寸除标高以m为单位外，其余均以mm为单位。

7. 设计依据如下。

①《建筑结构荷载规范(2006版)》(GB 50009—2001)。

②《建筑地基基础设计规范》(GB 50007—2011)。

③《建筑抗震设计规范》(GB 50011—2010)。

④《混凝土结构设计规范》(GB 50010—2010)。

⑤《砌体结构设计规范》(GB 50003—2011)。

⑥《砌体结构工程施工质量验收规范》(GB 50203—2011)。

⑦《多孔砖砌体结构技术规范(2002版)》(JGJ 137—2001)。

8. 梁上120隔墙均为加气混凝土砌块墙,M5混合砂浆砌筑。加气混凝土砌块的干容重小于等于7.0 $kN/m^3$。

9. 现浇构件中混凝土保护层厚度:详见标准图集(04G101—4)第22页。

10. 除注明外:钢筋锚固及搭接长度见标准图集(03G101—1(修订版))第34页。

11. 本设计中现浇梁均采用平面整体配筋图表示法,图中仅标示出构件的断面及配筋,详细构造见标准图集(03G101—1(修订版))。

①梁最小支撑长度为240 mm,两端在1000 mm范围内有构造柱时,梁应伸长与构造柱相连。

②结构平面布置图中的墙体及构造柱均为本楼面下层墙体及构造柱;构造柱应随墙体伸至女儿墙顶或坡屋面现浇板顶并锚固;楼层新加构造柱应生根于梁或圈梁上,且纵向钢筋应锚入圈梁或者其他梁内,女儿墙构造柱间距应不超过3000 mm,且下部有构造柱处必须设。

③构造柱与砌体的拉结做法、构造柱与基础的连接做法及后砌隔墙的连接做法分别按照标准图集(苏G01—2003)第9页要求施工。

④女儿墙抗震构造措施按标准图集(04G329—3)第83页1.6节执行。除注明外,各层楼面的窗台下及屋面女儿墙顶均应加设通长钢筋混凝土压顶梁,详见本图。

⑤构造柱在门、窗、洞口边,墙宽小于300 mm时,按本图《柱边小墙肢做法》或者(苏G01—2003)第26页节点1,改用混凝土与构造柱整浇。

**2)文字练习2**

**加固结构设计总说明**

一、工程概况和总则

1. “×××主厂房”建于1980年,建成至今有38年。该建筑由“×××设计院”设计。由于当时设计采用的标准、规范、规程为“78规范”,各项要求均较低,加之部分钢筋混凝土构件施工中质量控制不严,在近期的使用过程中发现部分钢筋混凝土构件的保护层出现了大面积的剥落,钢筋出现了较为严重的锈蚀,到了严重危及安全生产的程度。为此，厂方专门委托“×××省建筑工程质量监督检测站”对该工程的一至五层框架梁、柱进行了全面的检测。检测结果如下。

①该工程梁、柱混凝土强度等级可满足原设计要求。

②梁、柱的混凝土平均碳化深度为 36.8～65.6 mm，均已超过钢筋保护层，保护内部钢筋不锈蚀的功能大大减弱。

③抽检处钢筋 77%～96%部位处于微锈到锈蚀的状态，局部严重锈蚀，锈蚀钢筋截面损失率在 5%～30%，在钢筋处于锈蚀活动状态的区域凿开 3 处进行检查，发现钢筋表面已有锈斑，锈蚀较严重的区域，混凝土已出现锈蚀裂缝，甚至引起混凝土脱落(详细检测结果见检测报告)。

2. 上部结构体系：现浇钢筋混凝土框架结构。

3. 本工程综合考虑了该工程实际情况与所选用加固材料性能，加固后结构设计使用年限暂定为 15 年。

4. 计量单位(除注明外)如下。

①长度：mm。

②角度：°。

③标高：m。

④强度：$N/mm^2$。

5. 本建筑物应按原建筑图中注明的内容使用，未经技术鉴定或设计许可，不得随意增加、更新设备等，且不得改变结构的用途和使用环境。

6. 结构施工图中除特别注明外，均以本总说明为准。

7. 碳纤维加固的部位，如长期在环境温度高于 60 ℃的条件下使用，应及时通知设计单位处理。

8. 碳纤维加固施工应由有资质且熟悉该工艺的专业施工队伍进行施工。

二、检测报告建议

1. 钢筋锈蚀后，有效面积减少，建议按实测结果对结构安全性进行复核计算，并采取相应的措施处理。

2. 对该工程进行全面的防老化保护处理。

三、设计依据

1. 本工程加固施工图按原结构图及质量检测报告进行设计。

2. 采用中华人民共和国现行国家标准规范和规程进行设计，主要如下。

①《工业建筑可靠性鉴定标准》(GB 50144—2008)。

②《混凝土结构加固设计技术规范》(GB 50367—2013)。

③《碳纤维片材加固修复混凝土结构技术规程2007版》(CECS146:2003)。

④《危险房屋鉴定标准》(JGJ 125—2016)。

### 6.3.2　建筑施工图绘制

建筑施工图绘制的基本要求如下。

①文字建议设置为5种，样式分别命名为HZ10、HZ5、HZ3、SZ5和SZ2.5。

②设置6个图层，分别命名为幅面线、图框线、标题栏线、轴线、墙体和楼梯等。

③其余的内容用户可根据所掌握的知识自定。

用户可按图6.17和图6.18自行练习。

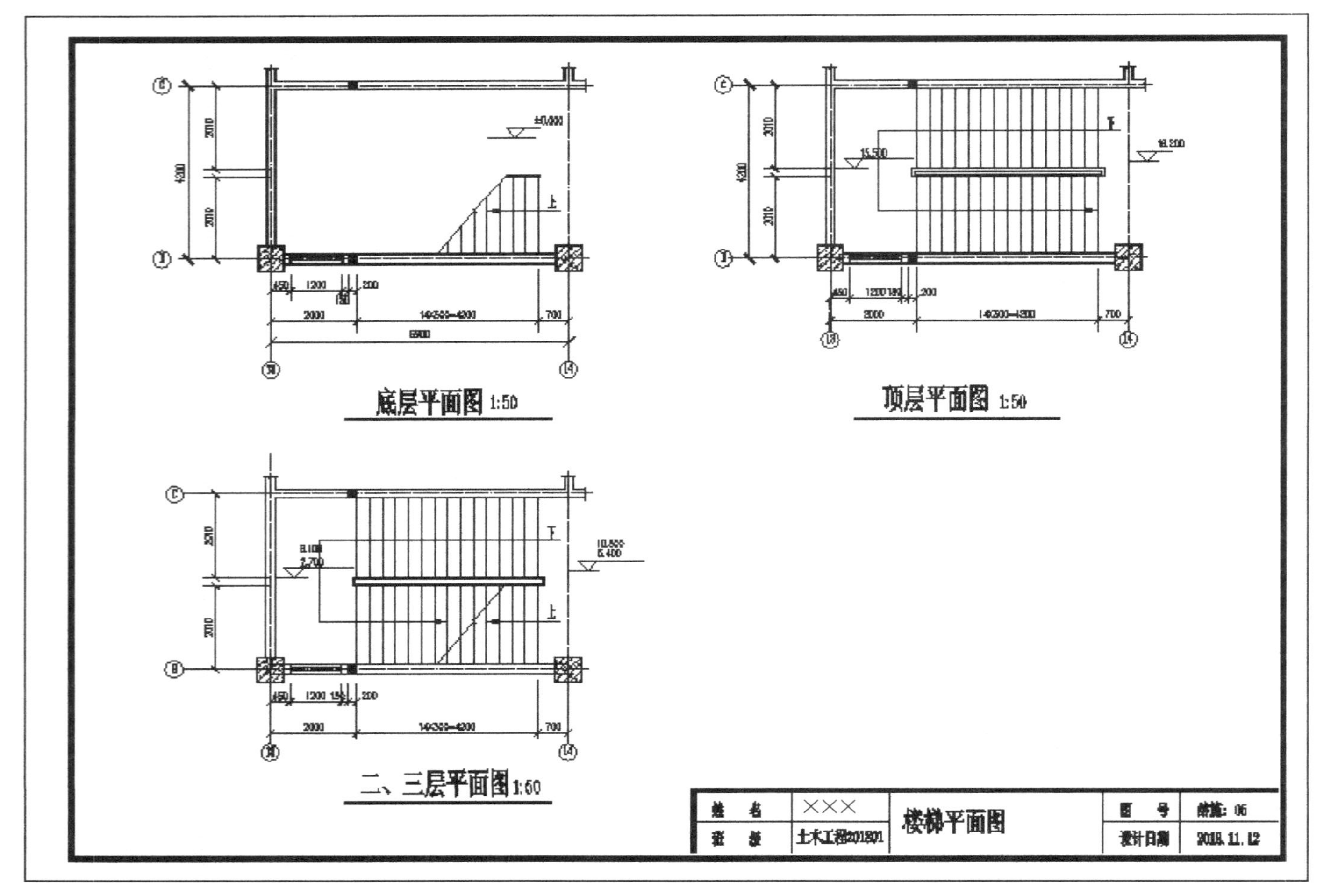
底层平面图 1:50
顶层平面图 1:50
二、三层平面图 1:50
姓名 ×××
班级 土木工程201801
楼梯平面图
图号 建施：05
设计日期 2018.11.12

图 6.17 建筑施工图一

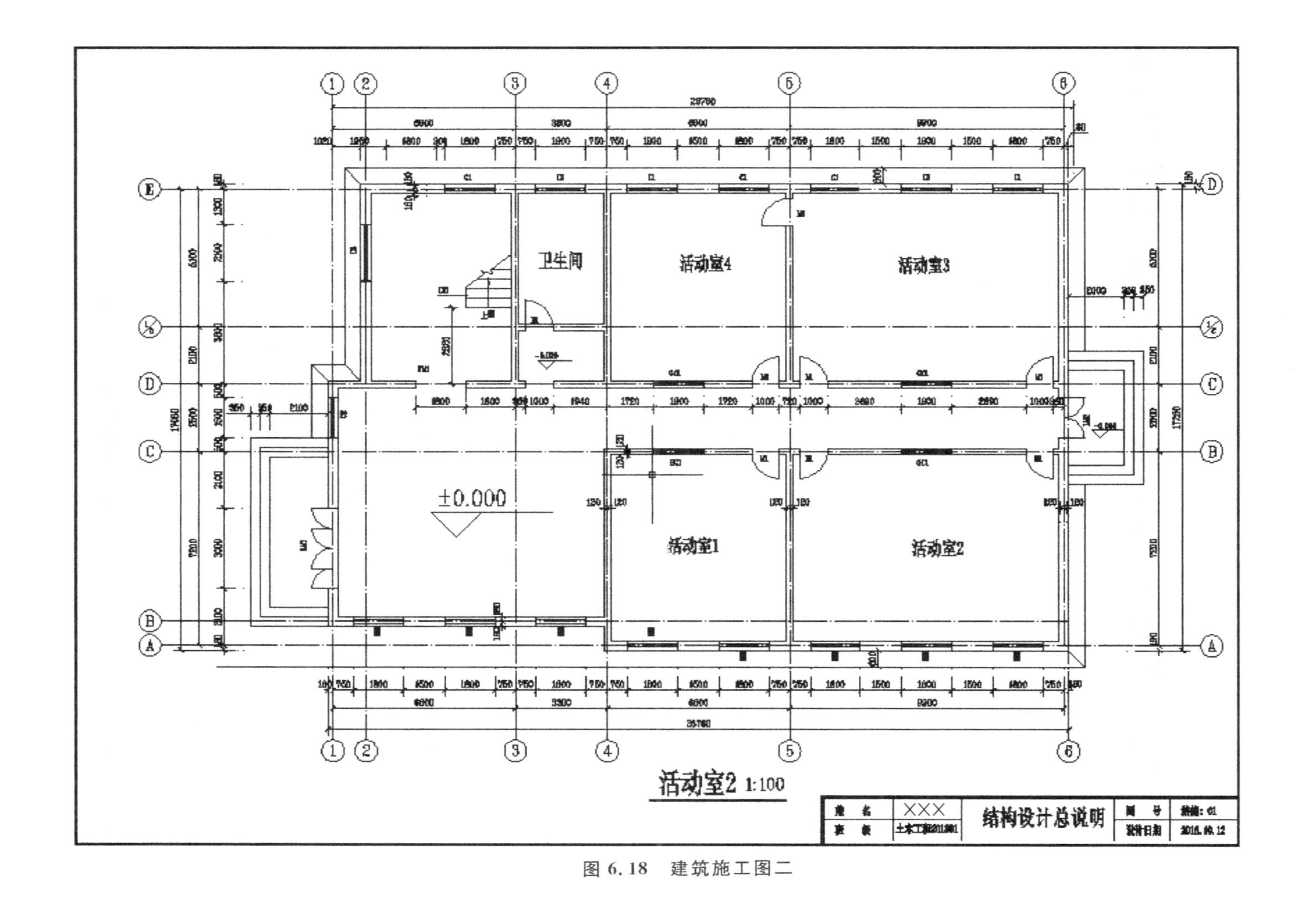


图 6.18 建筑施工图二

# 第 7 章　AutoCAD 软件使用的几个技巧

## 教学要求

◇ 熟练掌握 MATCHPROP、PROPERTIES 等命令；

◇ 熟悉 QUICKCALC 和 GROUP 命令；

◇ 熟练掌握对象属性的查询方法。

## 7.1 MATCHPROP 命令

熟悉 Word 软件的用户对格式刷的功能会深感方便，AutoCAD 软件也提供类似功能，名称为“MATCHPROP”，简化输入方式为“MA”。AutoCAD 软件版本不同，其图标各不相同，AutoCAD2014 版为“”，在完成源对象的选择后，图标形象恢复到用户熟悉的刷子状。

启动特性匹配的方式如下。

①命令行：MATCHPROP 或 MA。

②菜单：【修改】→【特性匹配】。

启动后，程序命令行提示如下。

选择源对象：(解释：选择源对象后，用图表选择新对象可赋予与源对象相同属性)

当前活动设置： 颜色 图层 线型 线型比例 线宽 透明度 厚度 打印样式 标注 文字 图案填充 多段线 视口 表格 材质 阴影显示 多重引线(解释：该命令的系统设置)

选择目标对象或 [设置(S)]：S ↙(解释：调整设置的内容，程序弹出对话框，如图 7.1 所示；或者用图标选择欲修改属性的对象)

【特性设置】对话框提供【基本特性】和【特殊特性】两类选项。

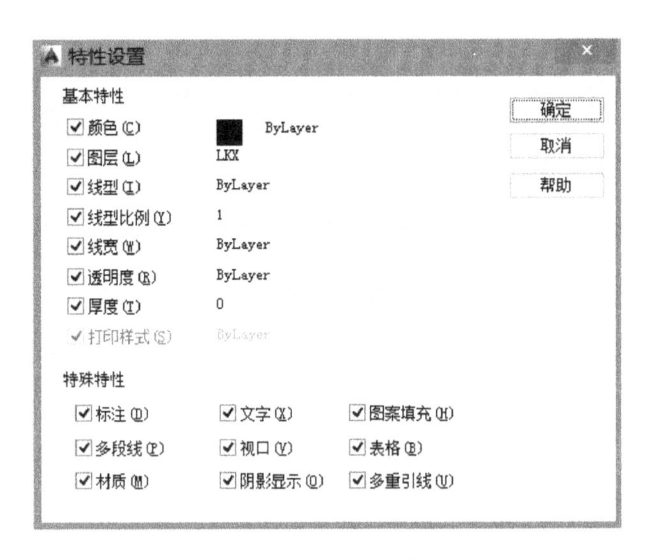


图7.1 【特性匹配】对话框

### 7.1.1 图层及属性的匹配

对于目标对象的属性，如图层、线型、线型比例、线宽，用户可以通过该命令使其与源对象一致。

因此，需要使用【图层特性管理器】对话框、【特性】工具栏才能实现的功能，在此可通过MATCHPROP命令达成。

### 7.1.2 文字、标注样式的匹配

用户在书写文字和进行标注时，可能因为疏忽错误使用某个样式，造成文字样式使用错误和标注样式使用错误。软件提供的【样式】工具栏包括【文字样式控制】下拉列表、【标注样式控制】下拉列表，其中包含了所设置的各种样式，用户可以在没有任何命令的情况下用鼠标选择对象，然后去选择需要的样式。当然，用特性匹配更为方便，先选择源对象，然后逐一用“刷子”去修改目标对象的属性更为直观。

### 7.1.3 图案填充的修改

除填充的图案外，还可以将目标对象图案的角度、比例等属性更改为源对象

的图案填充特性。

图 7.2 所示为图案填充的匹配，图 7.2(b)经修改后成为图 7.2(c)所示，图 7.2(c)和图 7.2(a)还有细微差别，这是因为“图案填充原点”的属性未能继承。

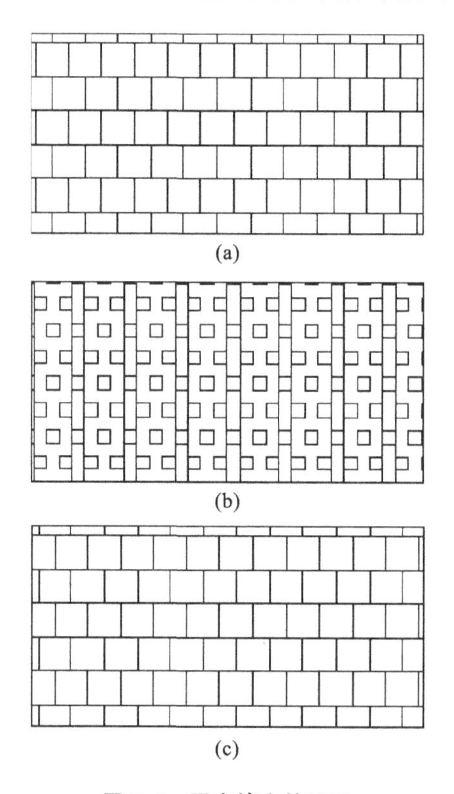


图 7.2 图案填充的匹配

要与图案填充原点相匹配，需要使用“HATCH”或“HATCHEDIT”命令中的“继承特性”。

## 7.2 PROPERTIES 命令

每个对象都具有常规特性，如图层、颜色、线型、线型比例、线宽、透明度和打印样式。此外，对象还具有类型所特有的特性，如圆包括圆心、半径、周长和面积。欲对所绘制对象的属性进行调整，【特性】选项板可以提供更加全面的帮助。

启动【特性】选项板的方式如下。

①命令行:PROPERTIES。

②菜单:【修改】→【特性】。

③鼠标:双击对象。

### 7.2.1 修改几何图形的属性

图7.3所示为打开【特性】选项板后,用鼠标选择一个圆形的结果,用户可观察到圆的属性。

在选项板可以对圆的各种属性进行修改,如修改半径,则直径、周长和面积随之变化;修改周长,则半径和直径出现变化;修改圆心的坐标,则圆的位置出现变化。

也可以对圆所属的图层等属性进行修改。

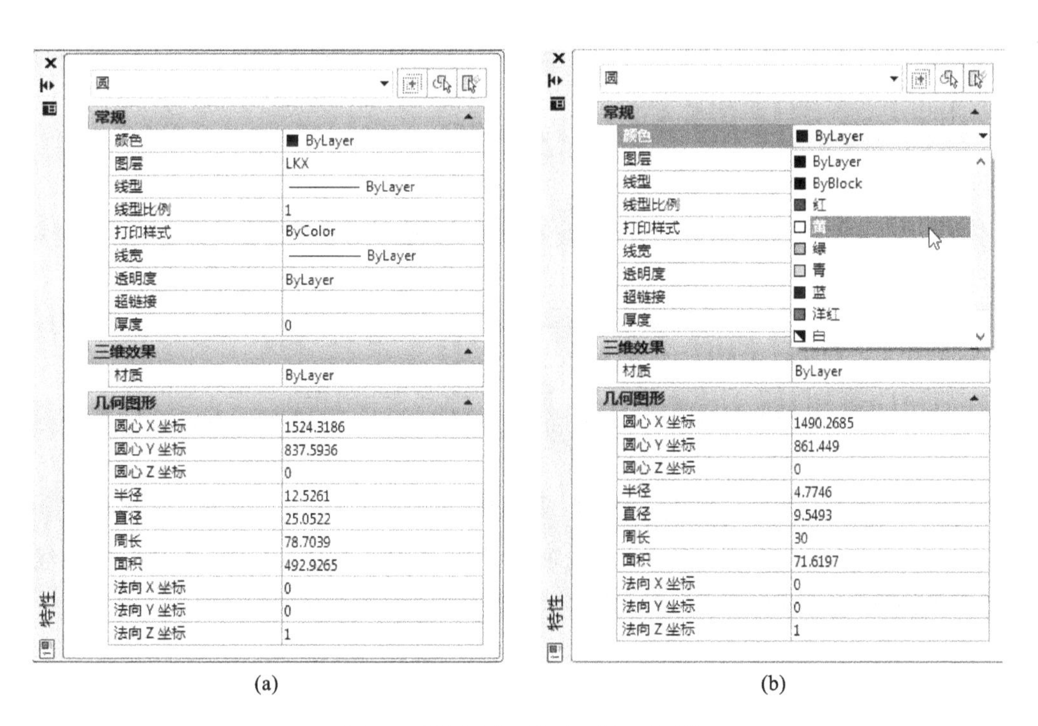


(a)　　　　(b)

**图7.3 【特性】选项板(以圆形为例)**

(a)显示圆的属性;(b)修改圆的属性

### 7.2.2 修改线型比例

绘制详图时经常需要对虚线、点划线比例进行调整，如通过菜单【格式】→【线型】打开【线型管理器】，单击【显示细节】可以观察到当前所设置的“全局比例因子”和“当前对象缩放比例”。此时调整全局比例因子将造成显示的整体变化，调整当前对象缩放比例对已经绘制的图形也无法调整。此时，使用【特性】选项板可对已经完成的图线进行逐一调整。

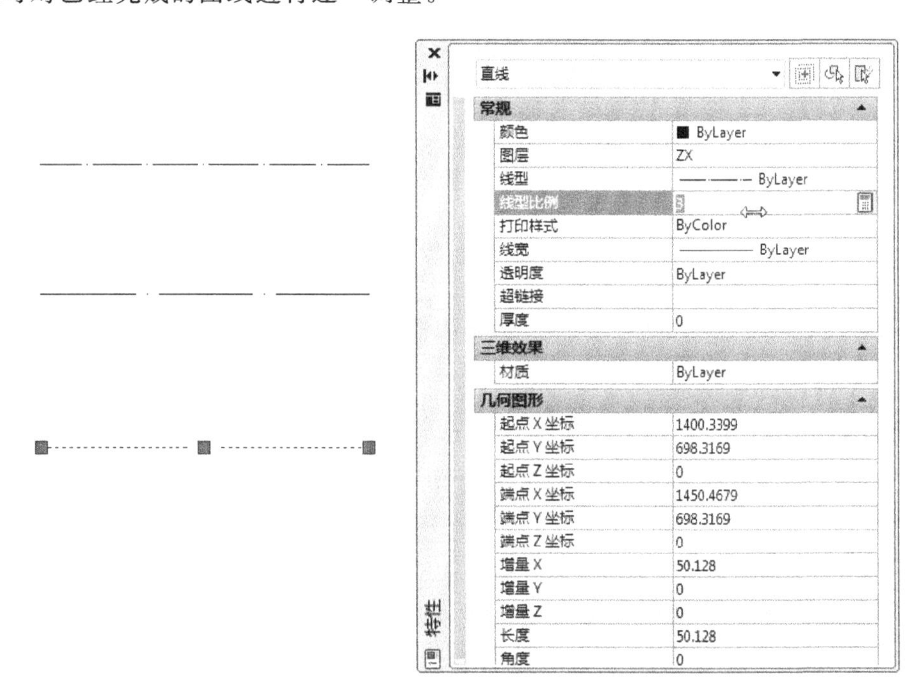


图 7.4 修改线型比例

选择欲修改的图线，在【常规】选项下修改线型比例。图 7.4 所示为三种线型比例的对比。

### 7.2.3 修改尺寸标注

图 7.5 所示为修改线性标注的属性，软件提供非常好的方式供用户对标注的细节进行调整。用户除了可以进行颜色、图层、线型比例及标注样式修改外，还可以对标注的一些特征，如箭头 1、箭头 2、箭头大小、文字高度、文字偏移等进

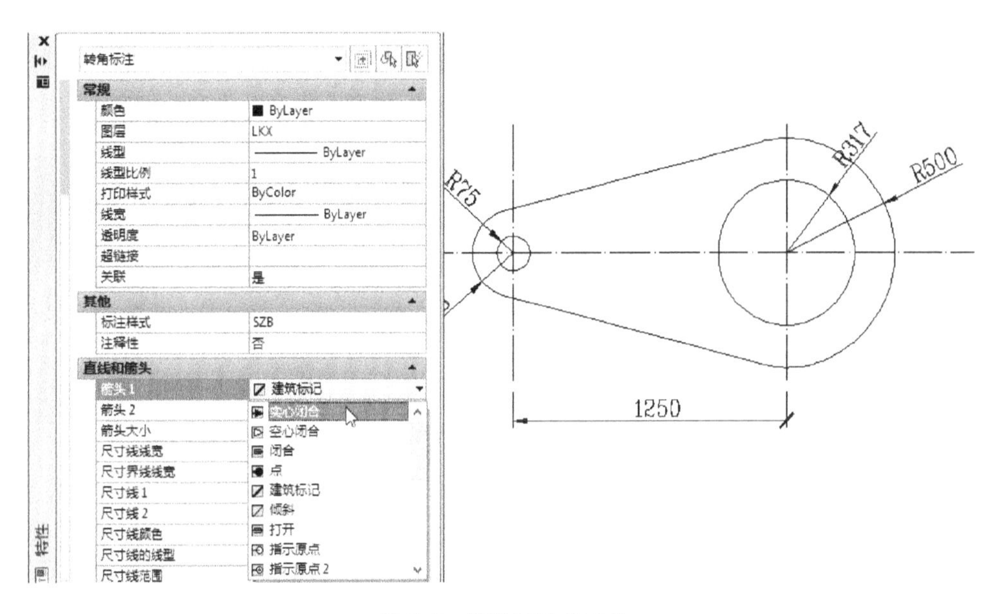


图7.5 修改标注的属性

行修改，也可以在“文字替代”中输入数据或者文字代替当前“测量单位”的内容。

## 7.3 QUICKCALC命令

启动【快速计算器】选项板的方式如下。

①菜单:【工具】→【选项板】→【快速计算器】。

②工具栏:【标准工具栏】→(快速计算器)。

③命令行:QUICKCALC或QC。

④鼠标:在没有任何命令时单击鼠标右键，在弹出的快捷菜单中选择“快速计算器”。

### 7.3.1 计算器基本功能

图7.6所示为快速计算器。快速计算器可执行各种算术、科学和几何计算，创建和使用变量，并转换测量单位。计算器上部按钮对应的功能分别是清除输入框、清除历史记录、将值粘贴到命令行、获取点的坐标、计算

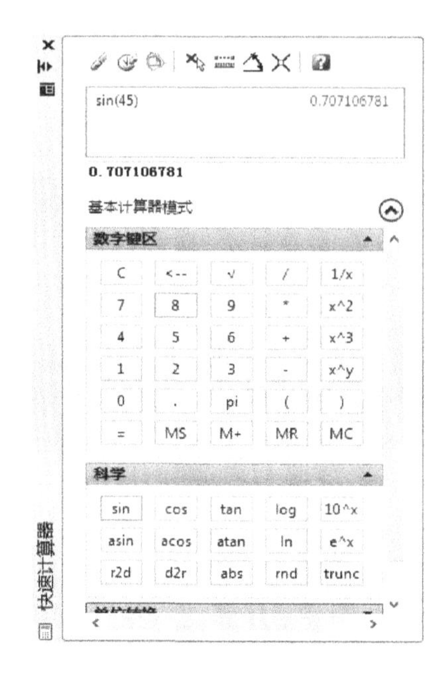


图 7.6 快速计算器

两点之间的距离、计算由两点定义的直线的角度和计算由四点定义的两条直线的交点。

### 7.3.2 从透明命令中使用快速计算器

在命令执行期间，用户可以按照以下方式透明地访问“快速计算器”。透明命令是 AutoCAD 软件中非常方便的一个功能，用户在执行命令过程中可以执行其他命令以提高绘图效率，如用户可以在绘图命令和编辑命令中使用“PAN”“ZOOM”等命令对当前窗口进行调整，快速计算器也具备这种功能。

在操作过程中启动快速计算器的方法如下。

①鼠标：单击鼠标右键以显示快捷菜单，然后选择“快速计算器”。

②命令行：程序提示输入值或坐标时，输入 QUICKCALC 或 QC。

如绘制直线段过程中，当程序要求输入下一个点的提示时，可在启动的“快速计算器”中输入表达式，然后单击“应用”按钮，该结果应用在下一点输入中需要的距离或者坐标。

## 7.4　属性查询

【特性】选项板提供非常广泛的功能，用户可以查询面积、长度、坐标等信息，但界面组织的功能庞杂时，使用起来有所不便。在菜单【工具】→【查询】下可以查询距离、半径、角度、面积、体积等属性。

### 7.4.1　图元的长度

命令行：DIST。

DIST 命令属于透明命令，在其他命令操作过程中如果需要使用该命令，需要在命令行中输入“DIST”。

DIST 命令提供关于点与点之间关系的几何信息，包括它们之间的距离，XOY 平面中两点之间的角度，点与 XOY 平面之间的角度、增量或它们之间改变的 X、Y 和 Z 的距离。

上述信息在命令行中显示，可以按下 F2 键查看。

### 7.4.2　二维图形的面积

命令行：AREA。

AREA 命令可以计算对象或所定义区域的面积和周长。用户可以通过选择对象或指定点来定义要测量的对象，从而获取测量值。在命令提示下和工具提示中将显示指定对象的面积和周长。

### 7.4.3　质量属性

命令行：MASSPROP。

MASSPROP 命令可计算和显示选定面域或三维实体的质量特性，包括面积、周长、形心以及惯性矩等。

对于图 7.7 所示复杂的几何图形，计算其形心和惯性矩比较烦琐，用 MASSPROP 命令可以获得较高的精度。

过程如下。

①将所示图形转化成面域，启动命令的方式为菜单【绘图】→【面域】。

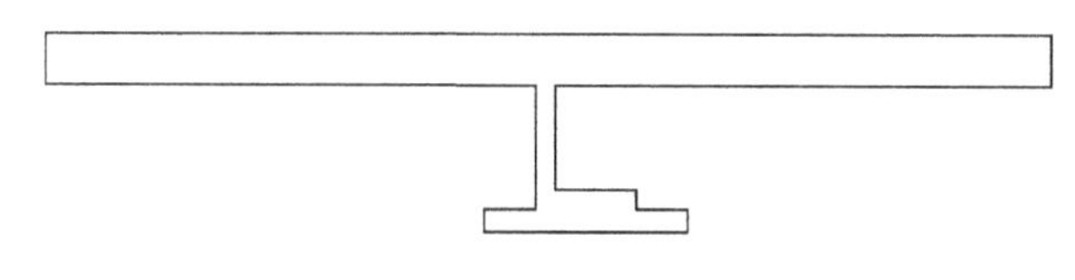

图 7.7　复杂图形计算惯性矩

②启动 MASSPROP 命令，程序通过文本窗口显示当前图形的信息，如图 7.8所示。

③根据文本窗口的提示，使用 MOVE 命令选择图形的质心作为基点移至原点处。

④对移动后的图形再次使用 MASSPROP 命令，查看文本窗口的信息即可获得相应信息。

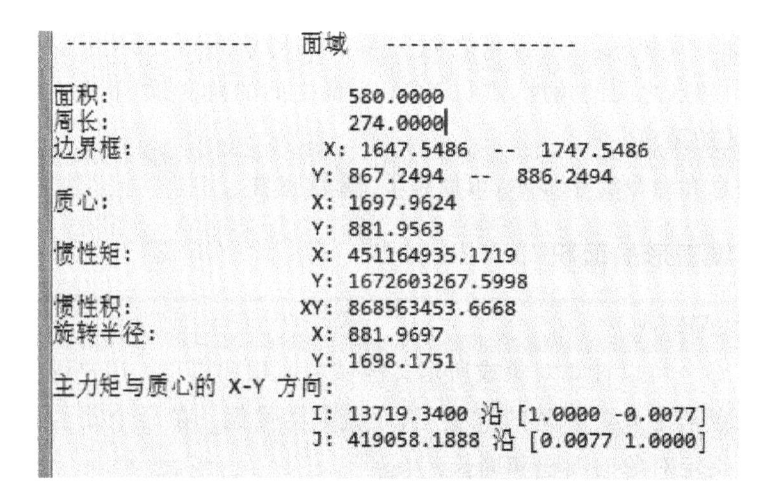

```
----------------    面域    ----------------
面积:                   580.0000
周长:                   274.0000
边界框:                X: 1647.5486  --  1747.5486
                      Y: 867.2494  --  886.2494
质心:                  X: 1697.9624
                      Y: 881.9563
惯性矩:                X: 451164935.1719
                      Y: 1672603267.5998
惯性积:               XY: 868563453.6668
旋转半径:              X: 881.9697
                      Y: 1698.1751
主力矩与质心的 X-Y 方向:
                      I: 13719.3400 沿 [1.0000 -0.0077]
                      J: 419058.1888 沿 [0.0077 1.0000]
```

图 7.8　文本窗口提示内容

## 7.5　BLOCK、ATTDEF 和 WBLOCK 命令

工程中经常出现大量的标准构件，或者几何形状和尺寸相近的对象，用户可以将其集中成一个整体并储存，下次使用就非常方便。

AutoCAD 中的图块分为内部存储的块和外部存储的块，根据具体需要可以对块进行属性的设置，块的使用技巧细致、繁多。熟练的工程师对块的设置、存储和使用有自己的经验,可以起到事半功倍的效果;商业软件提供块的功能也便于工程师有效地工作。

### 7.5.1 创建和使用内部块

启动内部块的方式如下。

①菜单:【绘图】→【块】→【创建】。

②命令行:BLOCK 或 B。

③工具栏:【绘图】→ 。

**1) 确定图块的名称、基点**

①在打开的【块定义】对话框中将名称设置为"JM-1",如图 7.9 所示。

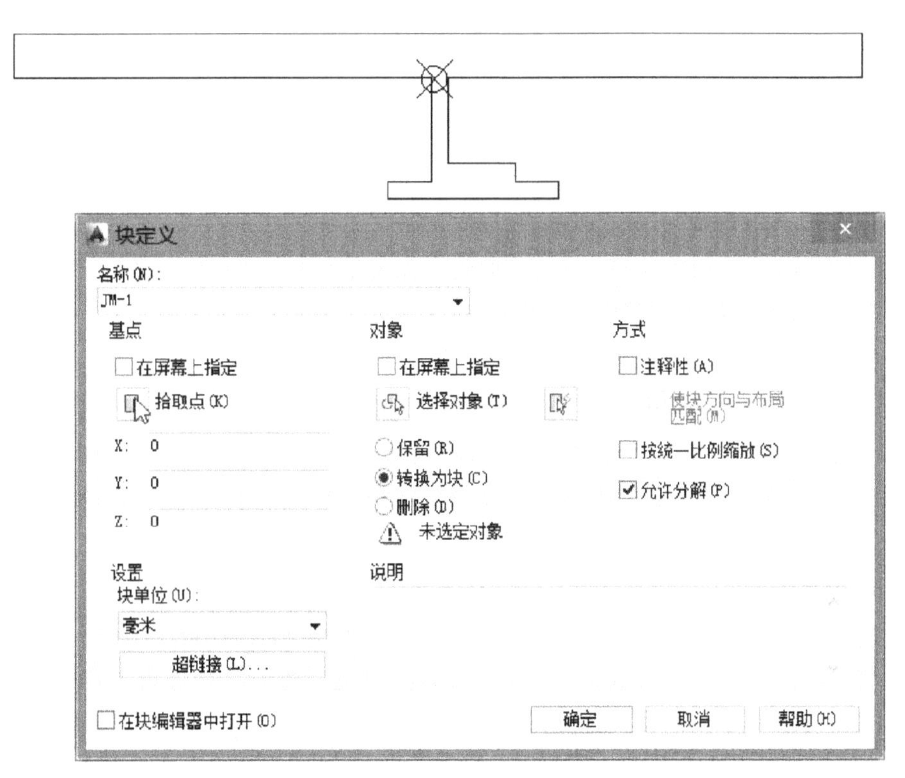


**图 7.9 设置 JM-1 图块**

②单击按钮 (拾取点)后,程序暂时关闭对话框以便于用户在当前图形中确定插入点。

③程序暂时退出该对话框，鼠标左键通过对象捕捉的方式选择形心点(预先在该图形中以“POINT”命令输入其形心点)。

基点是将图块插入时的控制点，选择具有控制意义的点作为基点，此处选择图形的形心作为基点。如果不选择，软件默认为“0,0”。如果将【在屏幕上指定】前的“□”设置为“√”，程序将在完成关闭当前对话框时提示用户指定基点；也可以在当前输入 X、Y 和 Z 的坐标，不过比较烦琐。

**2）选择对象**

①在【块定义】对话框中选择按钮(选择对象)，程序退出当前对话框。

②在绘图窗口中选择图形。

采用【在屏幕上指定】这一方式并不方便，建议直接单击按钮进行对象的选择。另外，程序还提示【保留】、【转换为块】和【删除】。如果选择【删除】，则表示完成块的定义后，选择的对象消失；【转换为块】是指该对象转化为块，不再是源对象；【保留】则是保持源对象的属性。

完成选择后，程序将提示对象的数量。

**3）完成其余设置**

①【方式】选项板中建议设置为【允许分解】、【按统一比例缩放】。

②【设置】→【块单位】下拉列表采用毫米。

③【在块编辑器中打开】前“□”设置为“√”。

“允许分解”是指块被插入后允许执行分解命令，该设置便于后期对块的内容进行适当调整；“按统一比例缩放”用来指定是否阻止块参照不按统一比例缩放，如果设置为允许按统一比例缩放，则插入图块在 X、Y 和 Z 方向上只能使用同一个缩放系数。

**4）使用块**

①菜单:【插入】→【块】，打开【插入】对话框，如图 7.10 所示。

②选择图块，在打开的【插入】对话框的【名称】列表内寻找设置的图块 JM-1。

③确定插入点，插入点可以在当前对话框中输入“X、Y 和 Z”，使用坐标输入，或者完成输入后在绘图窗口使用鼠标定点，此时需要将【在屏幕上指定】前的“□”设置为“√”。

④比例设置:在【X】后输入“2”，此时“Y、Z”跟着改变，这是因为制作块采用“按统一比例缩放”；也可以关闭对话框后在命令行中输入。

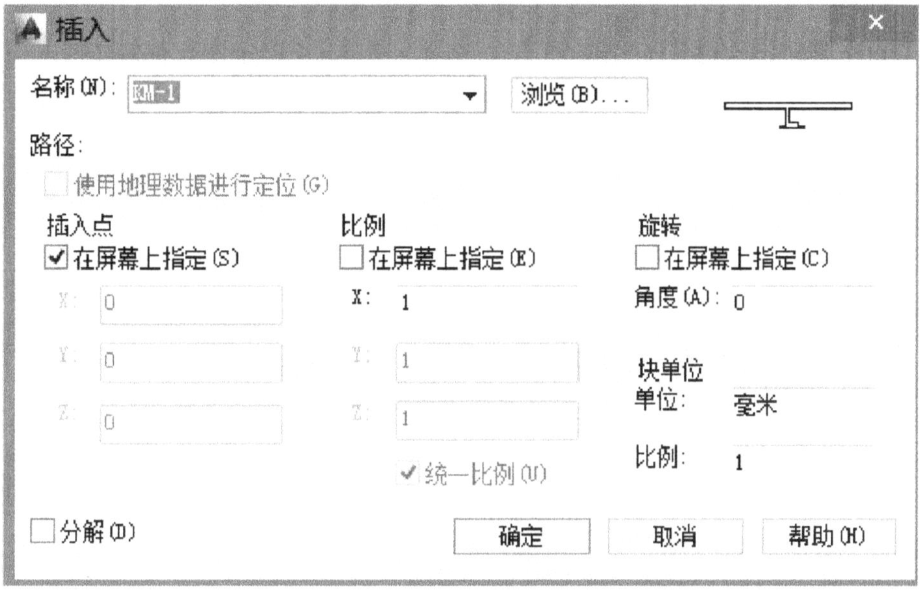

图 7.10　插入图块

⑤旋转:不进行旋转。

⑥分解:不分解。

图 7.11 所示为插入放大 2 倍的图块与原图。

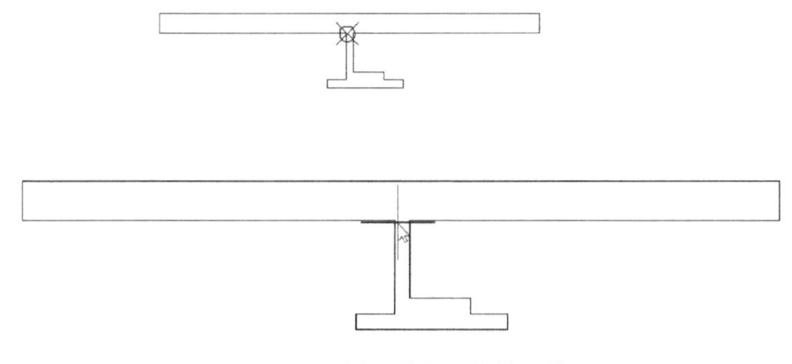

图 7.11　插入放大 2 倍的图块

## 7.5.2　WBLOCK

WBLOCK 命令是将选定对象保存到指定的图形文件或将块转换为指定的图形文件并保存至指定的目录下,而 BLOCK 命令只能在当前文件下查找到。

启动 WBLOCK 的方式:命令行输入“WBLOCK”。

程序启动【写块】对话框,如图 7.12 所示,与 BLOCK 命令有相似之处。不同之处在于对于“源”的选择与 BLOCK 不同,再就是要求确定文件的路径,即文件保存的位置。

图 7.12 【写块】对话框

插入 WJM-1 同样可以使用菜单【插入】→【块】。然后在打开的对话框中用鼠标单击【浏览】,弹出【选择图形文件】,需要用户到所保存的目录下查找到该文件,如图 7.13 所示。

当然,无论是采用 BLOCK 还是 WBLOCK 制作的图块,用户都可以在命令行中输入“INSERT”或者直接输入“I”,都可以打开【插入】对话框。

### 7.5.3 块的属性

ATTDEF 命令定义块中存储图形的属性,可理解为是数据与图块附着的标

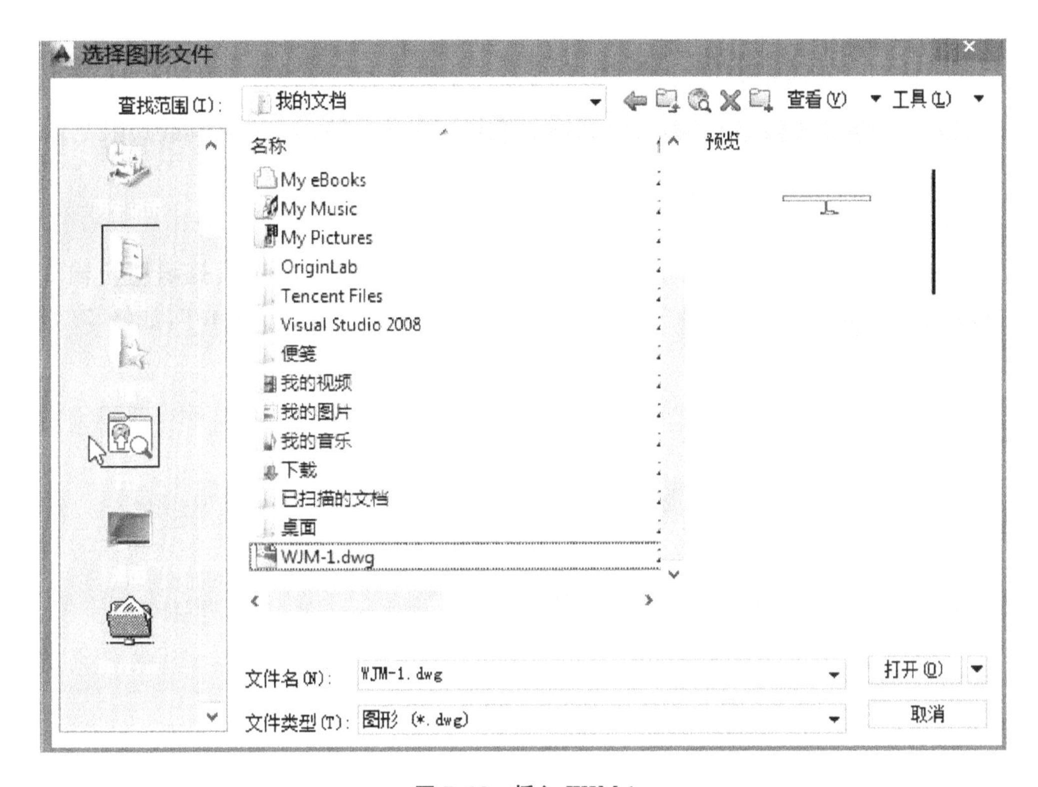


图 7.13　插入 WJM-1

签或标记。

**1）设置第 1 个属性**

①命令行：ATTDEF 或 ATT ↙，激活【属性定义】对话框。

②在打开的【属性定义】对话框中输入标记“A1”和提示“混凝土标号”。

③选择文字，此处设置的文字样式名为“HZ”，预设高度为 5 mm，宋体。

④设置模式：【验证】、【锁定位置】前的“□”设置为“√”。

⑤插入点：在屏幕上指定文字的插入点。

【标记】是指定用来标识属性的名称，【提示】是用来指定在插入包含该属性定义的块时显示的提示，如图 7.14(a)、图 7.14(b)所示。

**2）设置第 2 个属性**

过程同 1)，不再赘述，设置属性的标记为“A2”，提示为“角钢型号”，如图 7.14(c)、图 7.14(d)所示。

**3）创建图块**

①命令行：BLOCK 或 B。

②程序将弹出【块定义】对话框，同时选择图形和文字，如图 7.14(e)、图 7.14(f)所示。

**4）插入图块**

插入带有属性图块的过程与普通图块基本相似，只是程序会提示用户输入“角钢型号”和“混凝土标号”，在指定的位置处输入“L75”和“C40”，如图 7.14(g)、图7.14(h)所示。

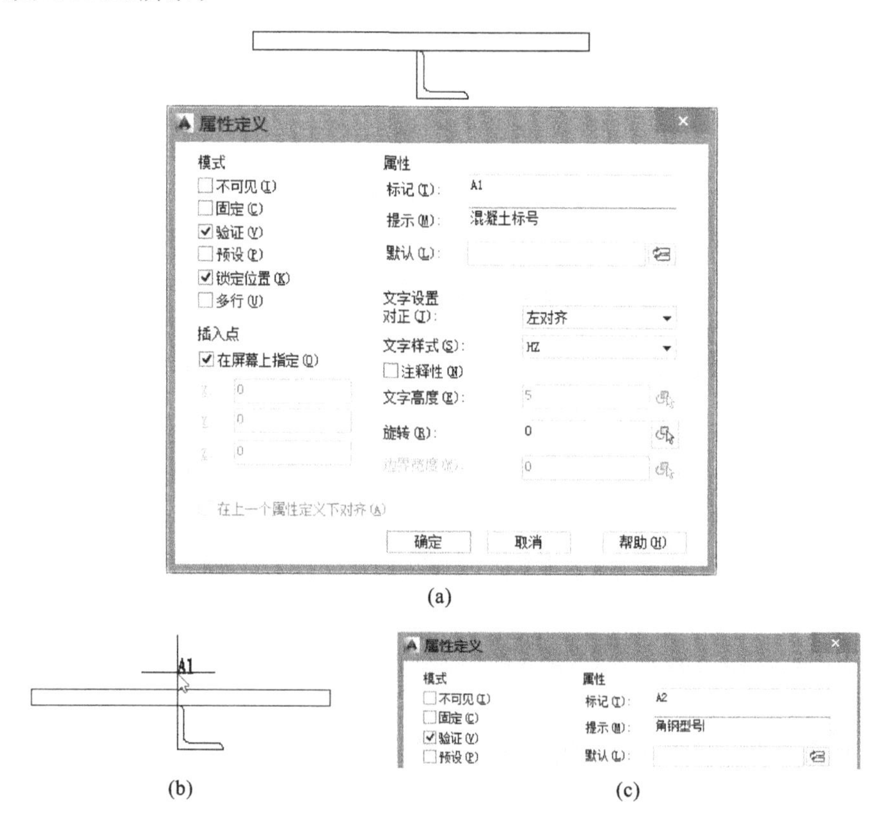


**图 7.14 指定和应用块的属性**

(a)输入第 1 个属性标签 A1 和提示；(b)指定第 1 个标签的位置；(c)输入第 2 个属性标签 A2 和提示；(d)指定第 2 个标签的位置；(e)制作图块时选择图形和 2 个标签；(f)创建图块时程序提示；(g)插入图块时程序提示；(h)带有属性的块

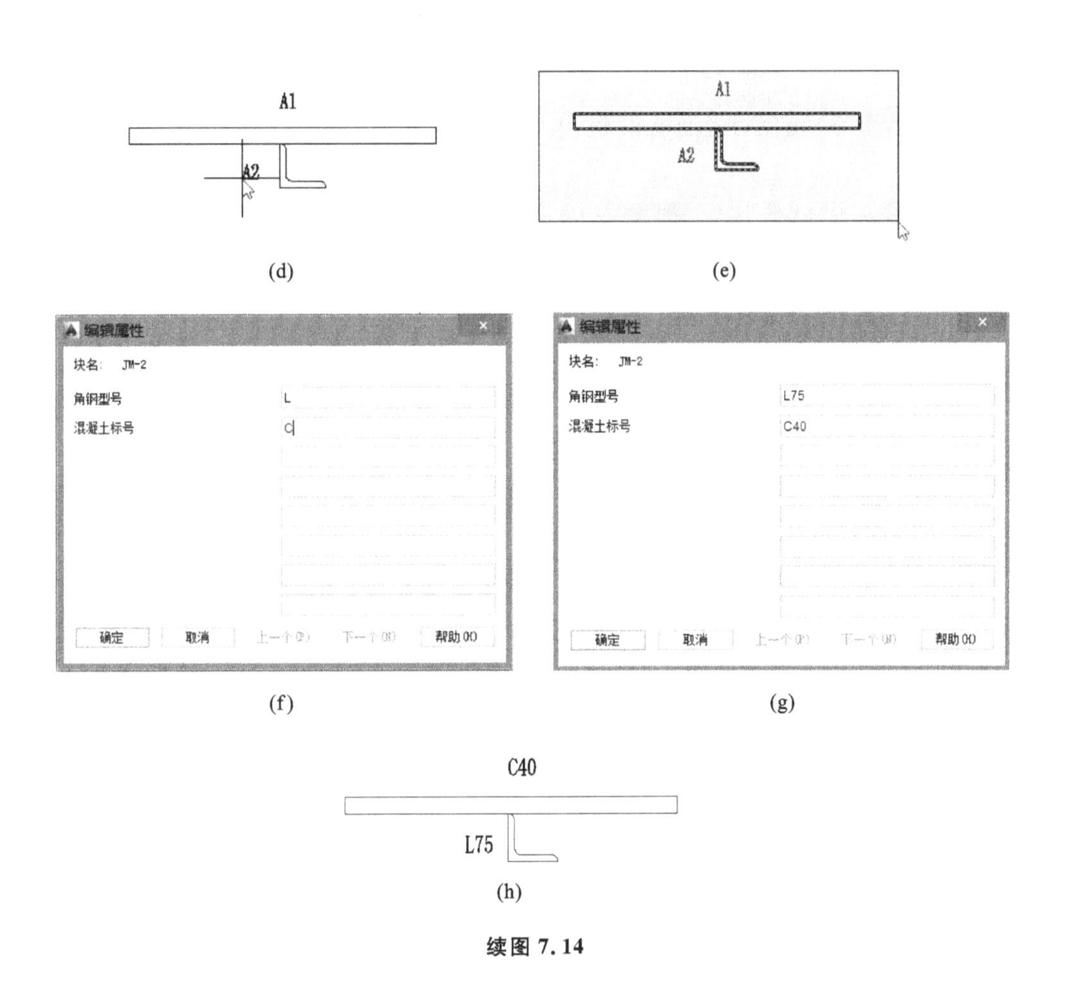


**续图 7.14**

## 7.5.4　增强属性编辑器

“EATTEDIT”命令可对带有属性的块进行编辑。用户最常使用的方法是双击欲编辑的对象，即可打开【增强属性编辑器】对话框。【增强属性编辑器】包含【属性】选项卡、【文字选项】选项卡和【特性】选项卡。

用户可以在【属性】选项卡中对定义的“值”进行修改，如将“C40”修改成其他标号的混凝土等，如图 7.15 所示，用户也可以在其他选项卡中对文字、图层及线型等进行修改。

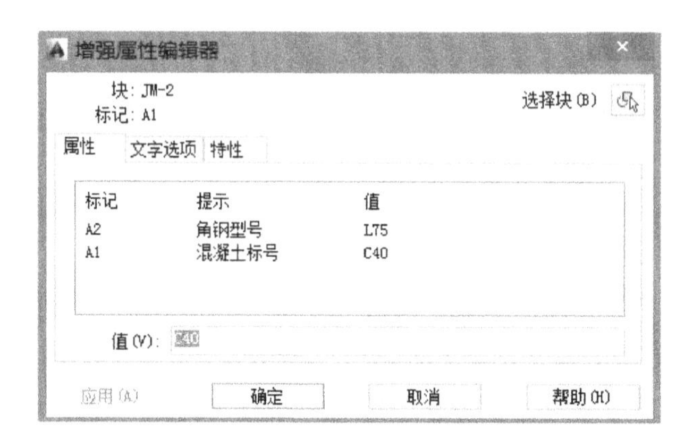


图 7.15 【增强属性编辑器】对话框

## 7.6 GROUP 命令

AutoCAD 软件提供 GROUP(编组)命令，为用户提供以组为单位进行操作的简单方法。用户选择编组中任意一个对象即选中了该编组中的所有对象，可以进行移动、复制、旋转和修改编组。在诸如 ANSYS、ABAQUS、ETABS、MIDAS 等软件中，合理设置编组是提高操作效率的必要手段。

GROUP 和 BLOCK 有相似之处，但二者本质差别在于，编组是当前具有共同图特征对象的组合，对提高实体选择的效率非常关键；设置图块(BLOCK 或 WBLOCK)是因图纸中存在大量相同或者相近的对象，设置成标准模块以减少重复工作。

启动编组命令的方式如下。

①命令行：GROUP 或 G

②菜单：【工具】→【组】

将图 7.16 的对象编组，组名为 G3C。

命令行显示如下。

命令：G↙

GROUP 选择对象或[名称(N)/说明(D)]：指定对角点：找到 4 个(解释：选择图 7.16 中的 4 个对象)

选择对象或[名称(N)/说明(D)]：N↙(解释：为所选项目的编组

指定名称）

输入编组名或[?]：G3C ↙（解释：输入“?”可查看已有的编组）

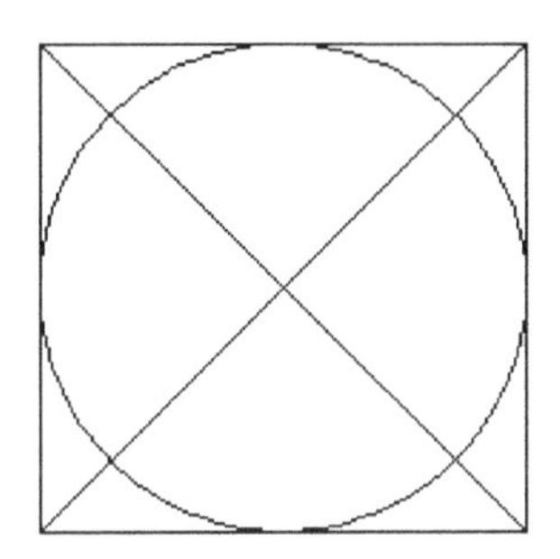

图7.16 编组G3C

用户通过选择图7.16中的一个对象，即可选择上述4个对象。

如果需要对该组进行编辑，可以输入“GROUP”以进行添加编组对象、删除编组中的某些对象以及将编组进行分解、重新命名，也可以在此进行创建编组的操作。

# 第8章　创建三维图形

**教学要求**

◇　能够进行AutoCAD软件的经典界面、草图与注释、三维基础、三维建模之间的转换；

◇　能够创建三维线框模型；

◇　能够创建三维曲面模型；

◇　能够创建三维实体模型。

## 8.1　基础内容1——三维绘图的基本知识

AutoCAD软件中包括三维线框模型、三维曲面模型和三维实体模型。三维线框模型由三维直线和曲线命令创建而成，没有面和体的信息；三维曲面模型由曲面命令创建而成，没有厚度信息；三维实体模型由实体命令创建而成，具有线、面、体特征的信息。

### 8.1.1　三维绘图环境

AutoCAD软件为创建三维模型提供专门的工作空间，用户在【工作空间】下拉列表中选择【三维基础】或者【三维建模】，程序将打开界面，如图8.1所示。【三维基础】是显示三维建模特有的基础工具，【三维建模】是显示建模特有的工具。

三维建模工作空间包括多个选项卡，如【常用】、【实体】、【曲面】、【网格】、【视图】等。下文介绍三维建模常用的面板和工具。

**1)【建模】面板**

【建模】面板中包括常用的创建三维实体命令。图8.2(a)所示为创建基本的

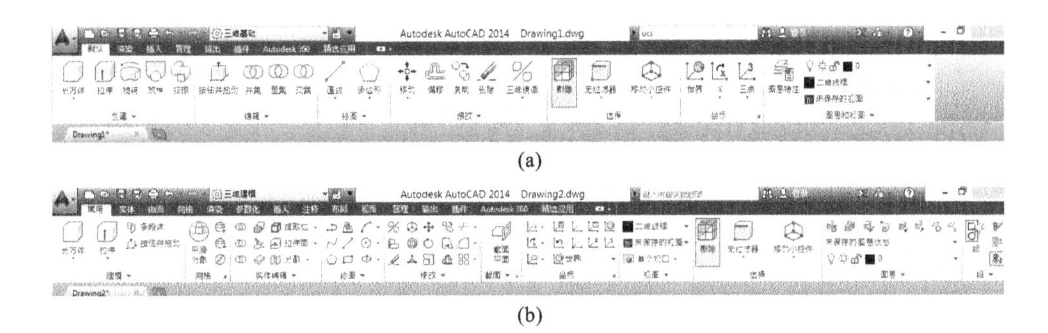


(a)

(b)

**图 8.1 三维建模界面**

(a)三维基础;(b)三维建模

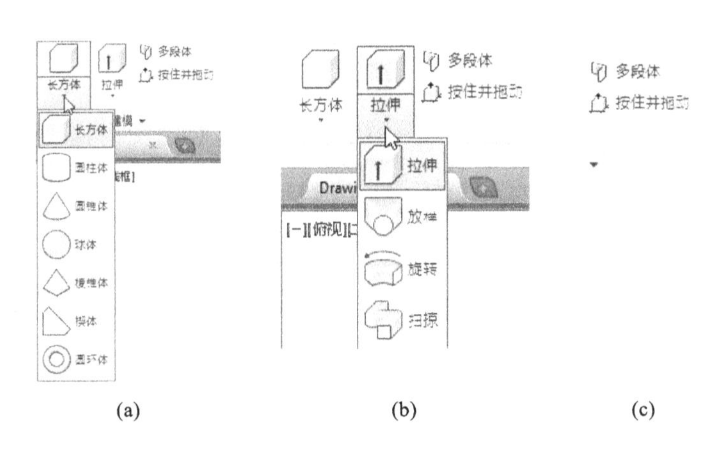


(a) (b) (c)

**图 8.2 建模面板**

(a)创建基本实体的命令;(b)创建三维实体的其他命令;(c)PRESSPUL 和 GPOLYSOLID 命令

三维实体命令,可绘制长方体、圆柱体、圆锥体和球体等三维实体;图 8.2(b)所示为通过拉伸、放样、旋转和扫掠创建不规则的复杂实体;图 8.2(c)所示为提供通过创建三维墙状实体和通过拉伸和偏移动态修改对象的方式创建三维实体。

**2)【实体编辑】面板**

复杂的三维对象需编辑才能创建。图 8.3 所示为三维编辑工具,包括实体并集操作、实体差集操作、实体交集操作、干涉检查以及三维实体面编辑命令等。

**3)【视图】面板**

【视图】面板主要设置用于显示三维实体的各种显示样式。

**图 8.3 【实体编辑】面板**

图 8.4(a)所示为【导航】面板,用来对三维实体的观察方位进行变换。鼠标单击【导航】面板右侧动态观察按钮 动态观察 的▼,程序将弹出【动态观察】、【自由动态观察】和【连续动态观察】三个选项。

单击【自由动态观察】按钮,程序进入自由动态观察状态,如图 8.4(b)所示。三维动态观察器有一个三维动态圆形轨道,轨道中心点为目标点。当光标位于圆形轨道的 4 个小圆上时,光标变成 或者 形状,在圆圈内拖动鼠标,可使得三维视图绕水平轴或者垂直轴旋转;当光标移至圆形轨道内部,光标变成 形状,拖动光标可使视图以水平、垂直和倾斜方向自由进行动态观察;当光标移至圆形轨道之外,拖动光标可使视图围绕轴移动,该轴的延长线通过导航球的中心并垂直于屏幕。

图 8.4(c)所示为用来设置观察三维实体视觉样式,如【二维线框】、【概念】、【隐藏】和【真实】等。【二维线框】是指以直线和曲线表示对象的边界;【概念】是用平滑着色和古氏面样式显示对象;【隐藏】是指使用线框表示显示对象,但同时隐藏背面的线,从而增强真实感。

图 8.4(d)中的视图管理器面板可以执行【创建】、【设置】、【重命名】、【修改】和【删除】命名视图(包括模型命名视图)等功能。用户可以在左侧的列表中选择预定义的标准正交视图和等轴测图。这些视图包括(俯视、仰视、主视等)正交视图,另外还包括 SW(西南)等轴测图、SE(东南)等轴测图。

图 8.4(e)所示为模型视口面板。AutoCAD 软件可实现将屏幕分成几个矩形区的功能,这样便于用户同时从不同的方向观察模型。通常可以将视图分成相互垂直的两个视口、相互平行的两个视口、三个以及四个视口等。图 8.4(f)所示为软件默认的三视口(左侧为一个大视口,右侧为两个小视口),此时三个视口

采用同一个投影方式，可鼠标单击左侧大视口将该视口激活，然后单击“西南等轴测图”；鼠标分别单击右上和右下视口，并分别选择“俯视”和“前视”，从另外两个角度对圆环进行观察，如图 8.4(g)～图 8.4(i)所示。在三个视口中分别使用鼠标滚轮或者 ZOOM 命令可进行视图的调整。

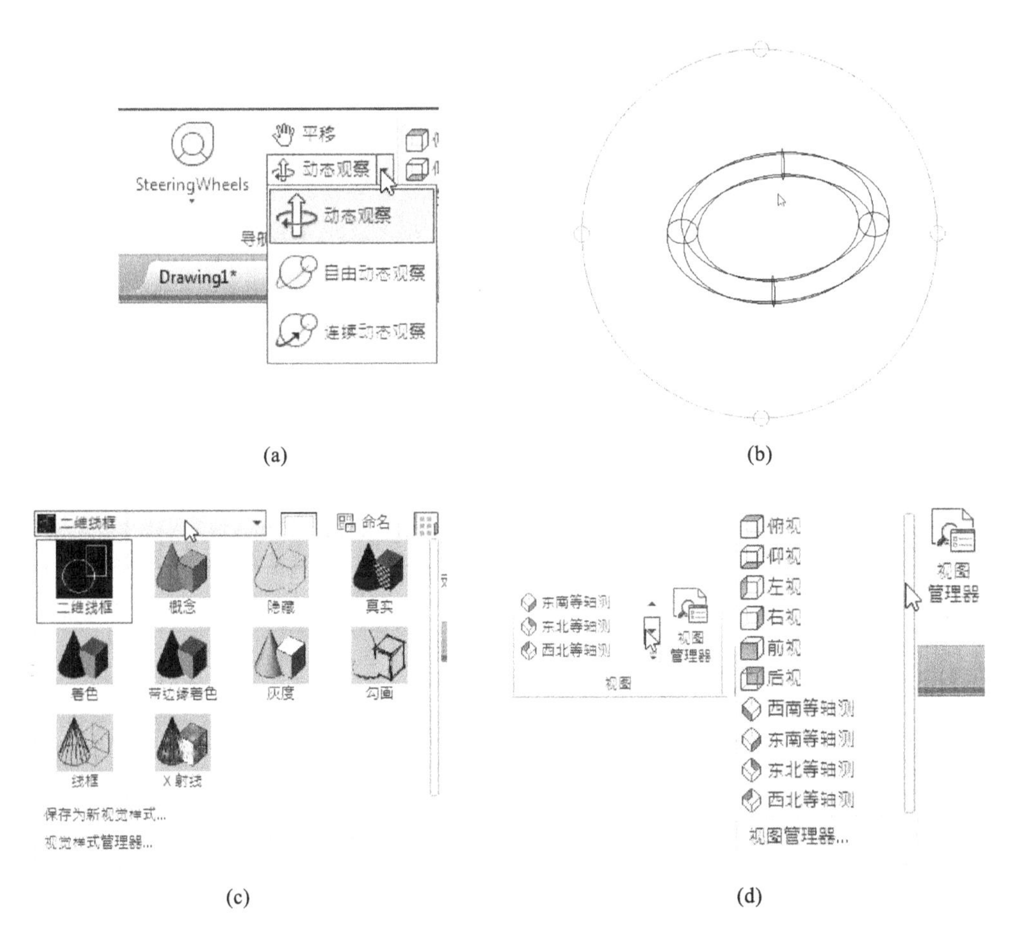


**图 8.4　【视图】面板**

(a)导航面板；(b)动态观察(模型为圆环)；(c)三维实体视觉样式面板；(d)视图管理器面板；
(e)视口；(f)相同的三视口；(g)激活左侧视口并设置为西南等轴测图；
(h)激活右上侧视口并设置为俯视图；(i)激活右下角视口并设置为前视图

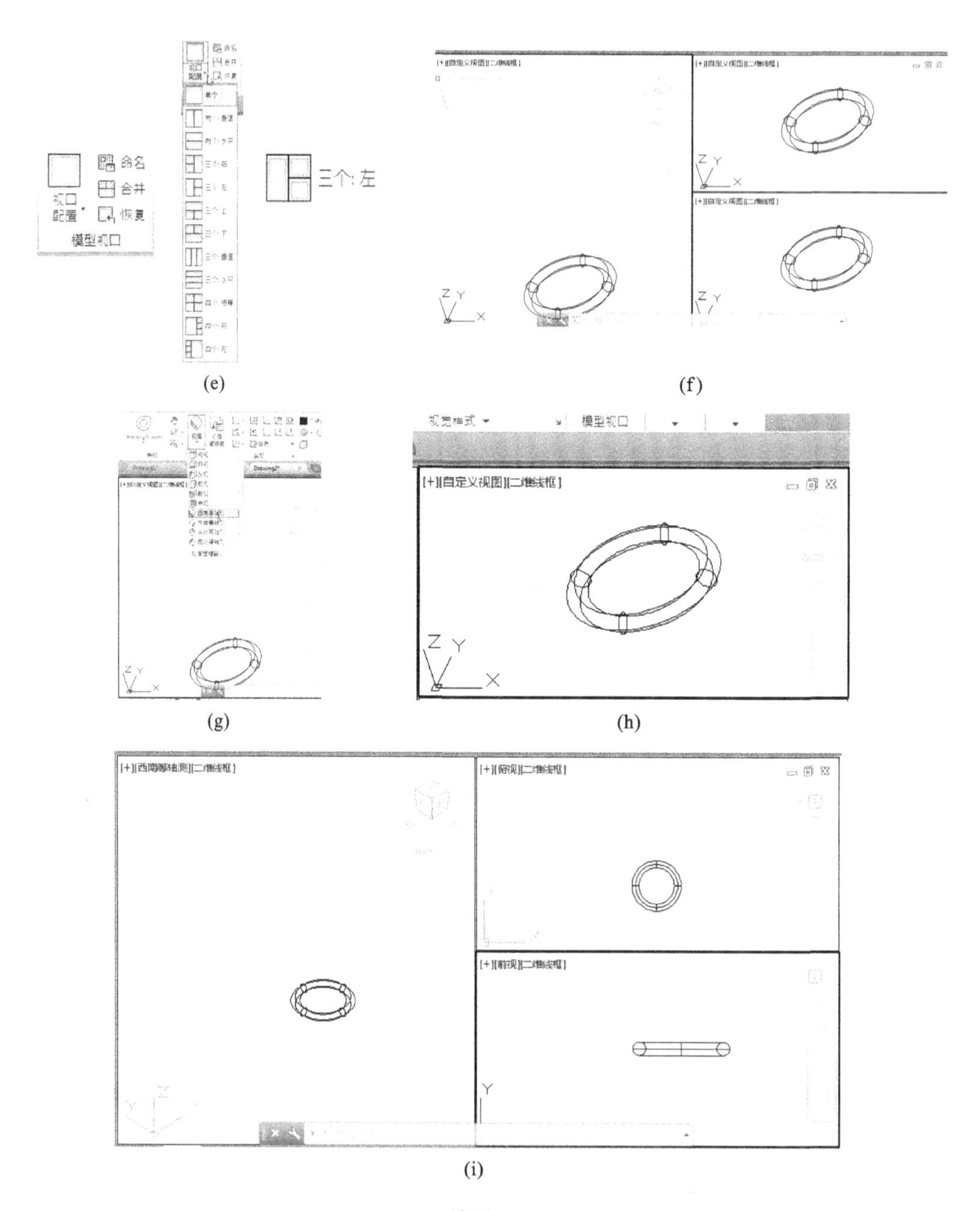
命名
合并
恢复
视口配置
模型视口
三个:左
[+][自定义视图][二维线框]
视觉样式
模型视口
[+][西南等轴测][二维线框]
[+][俯视][二维线框]
[+][前视][二维线框]

(e) (f) (g) (h) (i)

续图 8.4

### 8.1.2 坐标系系统

**1）三维坐标系**

实际上在绘制平面图时，由于不输入坐标“Z”，程序视为在当前的 XOY 平面上进行操作。三维建模必须输入“Z”的坐标值。另外，三维建模时还可以采用柱坐标系和球坐标系，前者输入模式为“X〈[与 X 轴所成的角度]，Z”，后者输入模式为“X〈[与 X 轴所成的角度]〈 [与 XOY 平面所成的角度]”。

**2）用户坐标系**

绘制平面图使用世界坐标系（WCS）即可，创建三维模型时，用户坐标系（UCS）就非常必要。用户可以在三维空间中的任何位置移动和重新定向 UCS，以便于创建模型，如图 8.5 所示。

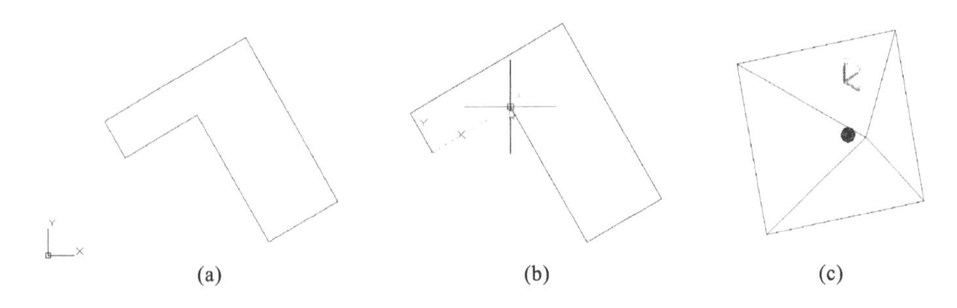


**图 8.5** WCS 和 UCS

(a)世界坐标系；(b)移动并旋转坐标系；(c)在楔形体表面指定坐标系

UCS 图标在确定正轴方向和旋转方向时遵循传统的右手定则，如图 8.6 所示。

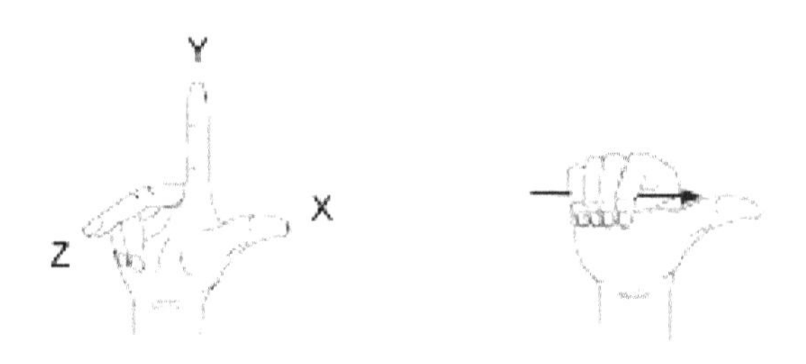


**图 8.6 右手定则**

创建用户坐标系的方式如下。

①命令行:UCS ↙。

②功能区:单击选项卡【常用】→【坐标】或者在选项卡【视图】→【坐标】,选择需要的按钮,如图 8.7 所示。

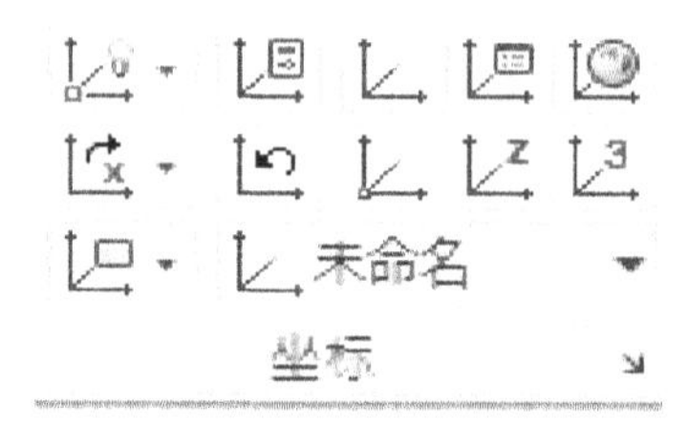


**图 8.7 【坐标】面板**

**3) 设置用户坐标系**

命令:UCS ↙

当前 UCS 名称:* 世界 *(解释:当前的坐标系为世界坐标系)

指定 UCS 的原点或[面(F)/命名(NA)/对象(OB)/上一个(P)/视图(V)/世界(W)/X/Y/Z/Z 轴(ZA)]〈世界〉:

提示列表的内容如下。

(1) 指定 UCS 的原点

用户可以使用一点、两点或三点定义一个新的 UCS。

如果用鼠标指定单个点后并按下"Enter"键,在鼠标单击处将建立 UCS 的原点,X、Y 和 Z 轴的方向不更改。

用户指定第 1 点后,命令行将提示"UCS 指定 X 轴上的点或〈接受〉",此时移动鼠标指定第 2 个点,则 UCS 坐标系将绕 Z 轴旋转以使正 X 轴通过该点。

完成指定 X 轴上的点操作后,程序提示"UCS 指定 XOY 平面上的点或〈接受〉",鼠标单击指定第 3 个点,则 UCS 将围绕新 X 轴旋转来定义正 Y 轴。

当然,所有的点也可以通过键盘输入坐标来确定。

(2) 面

将 UCS 动态对齐到三维对象选定的面上。UCS 的 X 轴将找到第 1 个面上的最近的边对齐。

(3) 命名

用户可以保存并恢复设置的 UCS 方向。

(4) 对象

在选定图形对象上定义新坐标系。AutoCAD 对新原点和 X 轴正方向有明确的规则,所选对象不同,新原点和 X 轴正方向规则也不同。

(5) 上一个

恢复上一个 UCS。程序在当前任务中逐步返回最后 10 个 UCS 设置。

(6) 视图

将 UCS 的 XOY 平面与垂直于观察方向的平面对齐。采用该方式建立 UCS 时,UCS 原点保持不变,在这种坐标系下,用户可以对三维实体进行文字注释和说明。

(7) 世界

将 UCS 与世界坐标系(WCS)对齐。

(8) X/Y/Z

将当前的 UCS 分别绕 X、Y、Z 轴旋转指定角度。

(9) Z 轴

用指定新原点和指定 1 点为 Z 轴正方向的方法创建 UCS。

## 8.2　基础内容 2——创建线框模型

### 8.2.1　【绘图】和【修改】面板

选项卡【常用】还包括面板【绘图】和【修改】。图 8.8(a)所示为【绘图】面板,包括多段线、样条曲线等命令;单击面板上"▼"可打开图 8.8(b)所示命令,包括螺旋、构造线等命令;单击"CIRCLE"按钮右侧的"▼"可打开图 8.8(c)所示命令。

图 8.9 所示为软件的【修改】面板。图 8.9(a)所示面板包括三维镜像(MIRROR3D)、三维移动(3DMOVE)等命令;单击面板上"▼"可打开图 8.6(b)所示命令,包括反转(REVERSE)、打断(BREAK)、阵列编辑(ARRAYEDIT)等命令。

### 8.2.2　创建三维线框模型

在三维空间绘制直线相对简单,要求指定点时输入"Z"值即可;当然,也可以使用鼠标进行捕捉以指定点的位置。

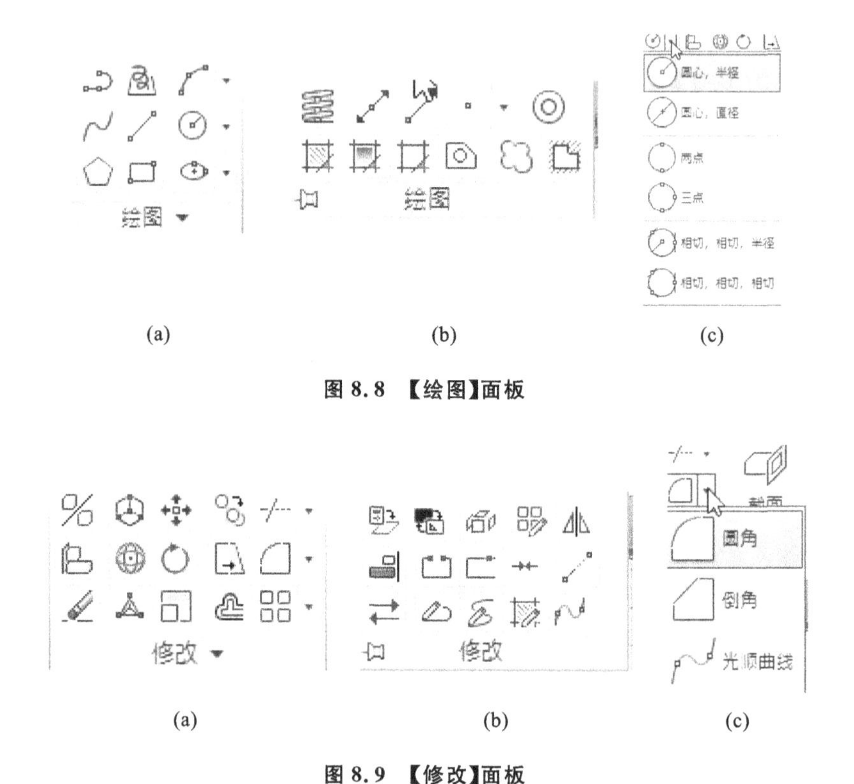


**图 8.8 【绘图】面板**

**图 8.9 【修改】面板**

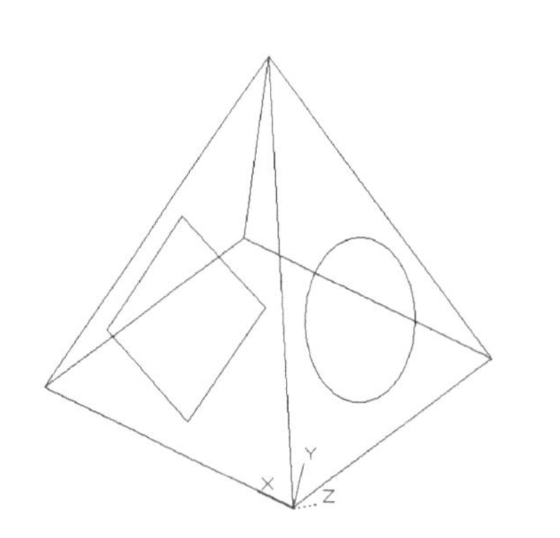


**图 8.10 在棱锥体的表面绘制矩形和圆形**

对于从事土木工程专业的用户，在绘制框架结构的计算模型、网架计算模型以及桁架计算模型等，都可以采用 LINE 的方式进行输入。

用户也可绘制圆形、多段线以及进行文字标注，但是无法直接绘制一个在空间中与 X、Y、Z 轴具有一定夹角的对象。如在图 8.10 所示棱锥体上绘制矩形和圆形，用户需要预先分别在两个表面指定 UCS，然后进行绘图。否则，所绘制的对象总是在当前的 XOY 平面上。

# 8.3 基础内容3——创建曲面模型

三维曲面模型是用一系列有连接顺序边所围成的封闭区域来定义立体的表面，再由曲面的集合定义实体。三维曲面模型具有线框模型无法进行的消隐、着色和渲染功能，但不具备实体模型的物理特性如质量、体积、重心、惯性矩等。

AutoCAD 软件为用户提供了创建长方体表面、圆锥面、下半球面、上半球面、网格、棱锥面、球面圆、环面和楔体表面的方法，如图 8.11 所示。

## 8.3.1 3DFACE(三维面)

3DFACE 可以在三维空间中创建三侧面或四侧面的曲面。平面的顶点有不同的"X""Y""Z"坐标，但是不超过 4 个顶点。根据命令行提示依次输入 3 个点的坐标，连续两次按下"Enter"键即可创建三维平面；如果需要输入第 4 个顶点，程序将自动连接第 3 点和第 4 点；程序自动重复将最后 2 个点作为下一个三维面的前 2 个点。如图 8.12 所示，点的输入可以采用相对直角输入方式。

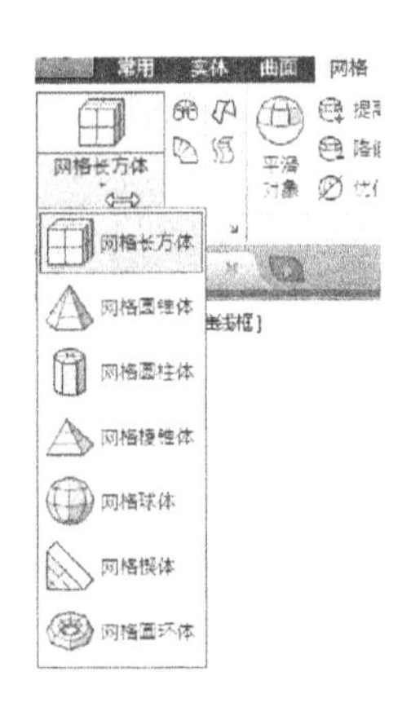


图 8.11 基本的三维网格模型

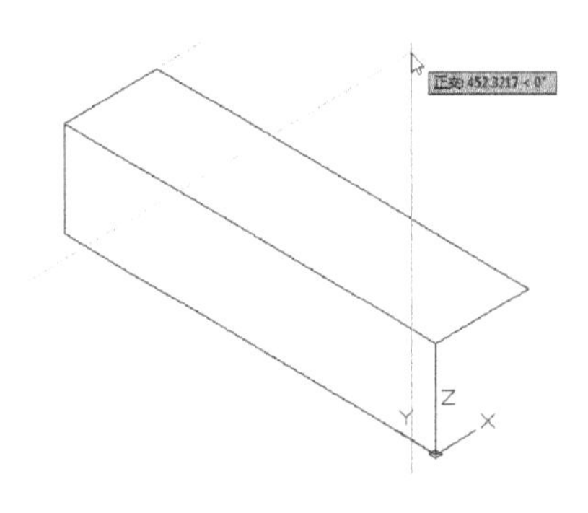


图 8.12 3DFACE 示例

3DFACE 包含控制三维面各边可见性的选项【不可见(I)】，便于用户建立有孔的对象。根据程序提示，在边的第一点之前输入 I 或 INVISIBLE 可以使该边不可见，从而组合成复杂的三维曲面。

### 8.3.2 3DMESH(三维多边形网格)

用户可以使用“3DMESH”命令构造极不规则的曲面。通过命令可生成由点矩阵定义的三维网格，最小值为 2，最大值为 256。“3DMESH”命令比较烦琐，输入的数据点比较多。

3DMESH 示例如图 8.13 所示。

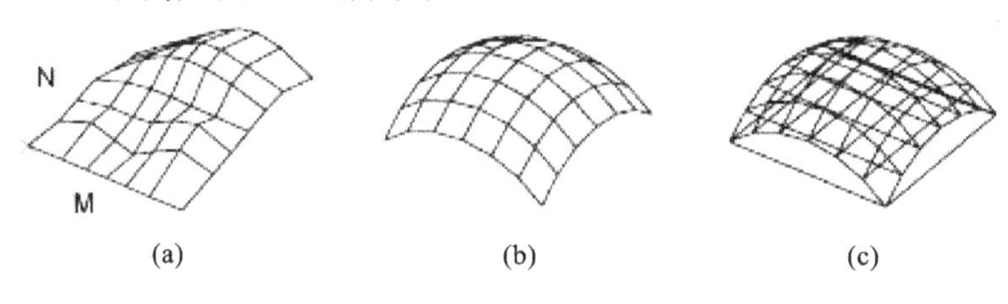


图 8.13 3DMESH 示例

### 8.3.3 REVSURF(创建旋转曲面)

REVSURF 命令可以通过绕轴旋转轮廓来创建网格。旋转的对象可以是直线、圆弧、圆、二维多段线等曲线类型；旋转轴可以是直线或二维多段线。

REVSURF 示例如图 8.14 所示。

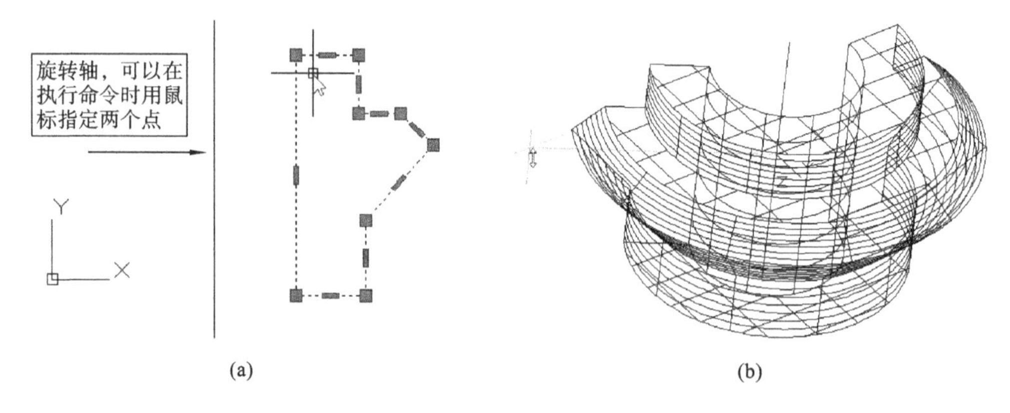


图 8.14 REVSURF 示例

### 8.3.4 TABSURF(平移网格)

TABSURF 命令可以执行从沿直线路径扫掠的直线或曲线创建网格，如图

8.15(a)和图 8.15(b)所示。

图 8.15(c)所示为改变方向矢量的效果。

图 8.15(d)所示为改变 SURFTAB1 默认设置的效果，此处取 16。在命令行中输入 SURFTAB1 可进行系统变量的设置，具体如下。

命令：SURFTAB1 ↙

输入 SURFTAB1 的新值〈6〉：16 ↙

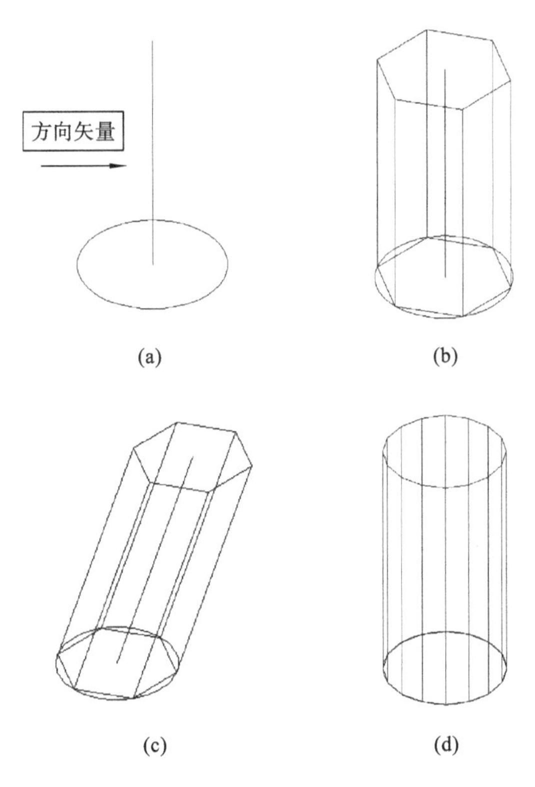


**图 8.15**　TABSURF **命令示例**

(a)路径曲线和方向矢量；(b)示例 1；(c)示例 2(改变方向矢量)；(d)改变 SURFTAB1

## 8.3.5　RULESURF(直纹曲线)

RULESURF 命令用于创建表示两条直线或曲线之间的曲面的网格(见图 8.16)。

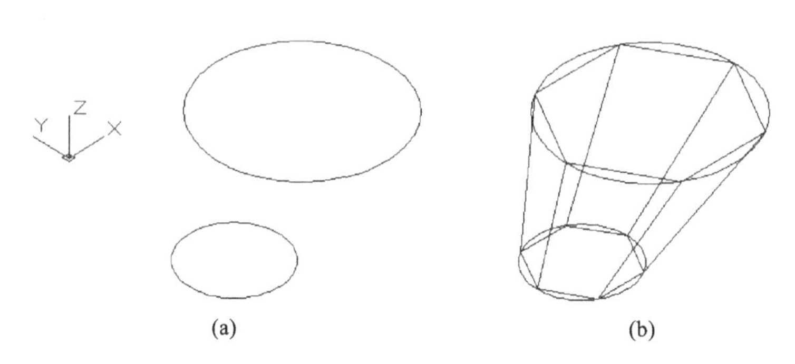


**图 8.16　RULESURF 示例**

(a)设置两条曲线;(b)创建直纹曲面

## 8.4　基础内容 4——创建实体模型

### 8.4.1　创建基本实体

单击选项卡【实体】,程序集成了三维建模常见命令,包括【图元】、【实体】、【布尔值】以及【实体编辑】、【截面】等。用户也可以在选项卡【常用】中或者面板【建模】中进行三维实体模型的创建。

AutoCAD 软件为创建长方体、圆柱体、球体、楔体、圆锥体、棱柱体和圆环体等提供了非常便捷的操作,不再逐一阐述。圆环等命令操作相对复杂,下文对该命令进行了解释。

**1) TOURS 命令**

创建一半径为 100、圆管半径为 20 的对象。

命令: TOURS (解释:在面板【图元】中单击按钮◎)

指定中心点或 [三点(3P)/两点(2P)/切点、切点、半径(T)]: 0,0,0 ↙

指定半径或 [直径(D)] 〈11.2882〉: 100 ↙ (解释:输入半径)

指定圆管半径或 [两点(2P)/直径(D)] 〈0.2561〉: 50 ↙ (输入圆环的半径)

如图 8.17 所示,如果感觉线条太少、显示效果差,用户可以修改系统变量“ISOLINES”,将缺省值由 4 改到 8 或者更大。“ISOLINES”的数值越大,Auto-

CAD 用来描绘曲面的线条就越多。该变量需要提前设置。

圆环管的半径可以大于圆环体的半径，其结果是圆环体的中间没有孔。当圆环体的半径或直径为负值时将生成橄榄球状实体，则圆环管的半径或直径就必须大于圆环体的半径或直径的绝对值，如图 8.17(d)所示。

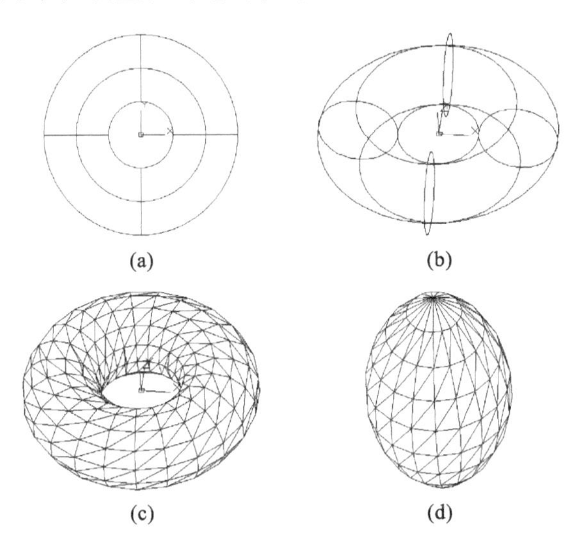


**图 8.17　圆环示例**

(a)俯视图；(b)通过动态观察期进行调整；(c)采用消隐(HIDE)模式；(d)橄榄球

**2) POLYSOLID 命令**

POLYSOLID 命令可创建具有固定高度及宽度的直线段和曲线段的墙，该命令对于绘制建筑的墙体尤为方便。需要注意的是，使用该命令时需要预先定义墙体的宽度、高度和对正方式。

绘制一进深为 4200 mm、面宽为 3600 mm、高度为 3000 mm 的房间，墙厚度为 240 mm，如图 8.18 所示。

首先绘制 4200×3600 的矩形，并将其作为墙体的中轴线，其他步骤如下。

命令：POLYSOLID 高度 = 4.0000，宽度 = 0.2500，对正 = 居中(解释：程序当前系统设置)

指定起点或 [对象(O)/高度(H)/宽度(W)/对正(J)] 〈对象〉：H ↙(解释：修改高度)

指定高度 〈4.0000〉：3000 ↙ (解释：高度设置为 3000)

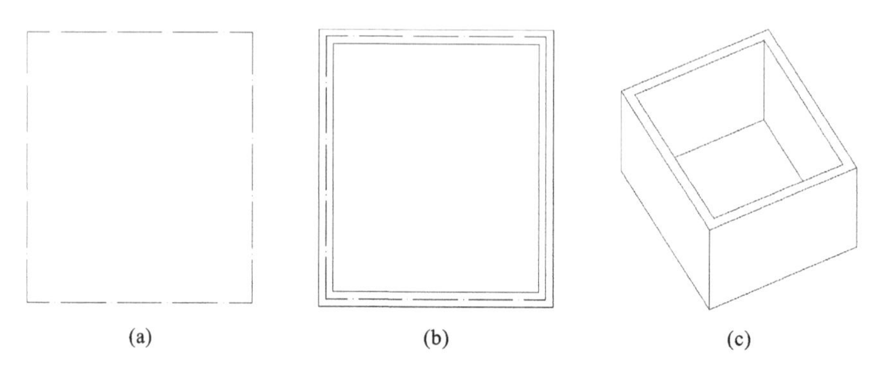

图 8.18 绘制墙体

(a)轴线;(b)生成墙体(俯视图);(c)采用动态观察器调整(消隐)

高度 = 3000.0000，宽度 = 0.2500，对正 = 居中 (解释:程序当前系统设置)

指定起点或［对象(O)/高度(H)/宽度(W)/对正(J)］〈对象〉: W ↙ (解释:修改宽度)

指定宽度〈0.2500〉: 240 ↙(解释:高度、宽度为 240)

高度 = 3000.0000，宽度 = 240.0000，对正 = 居中(解释:当前对中为居中,符合要求)

然后沿着所绘制的轴线逐一完成各个点的捕捉即可。

其他操作如图 8.19 所示。

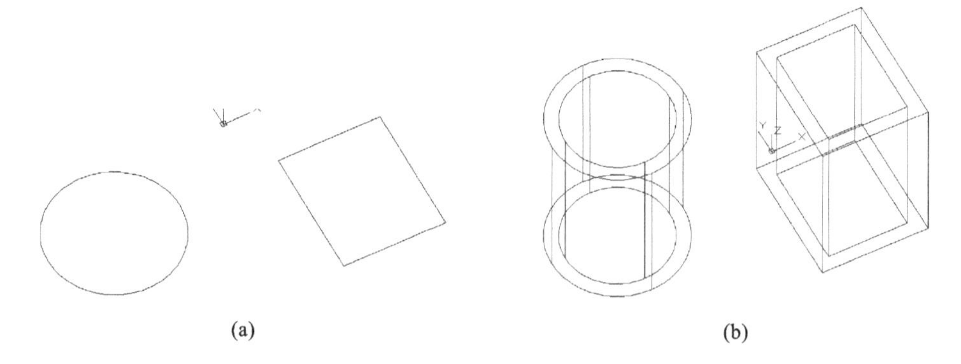

图 8.19 使用“面”的方式

(a)圆和矩形(使用 RECTANG 命令绘制);(b)三维对象

### 8.4.2 由平面图形创建三维实体

AutoCAD软件提供EXTRUDE(拉伸)、按住并拖动(PRESSPULL)、旋转(REVOLVE)、扫掠(SWEEP)和放样(LOFT)方法创建三维实体。上述方法需要首先由平面封闭多段线(或者面域)作为截面。

**1)通过拉伸命令生成实体**

①生成面域。在XOY平面内绘制图8.20(a)。需要注意的是,此时需要适应REGION(面域)的命令将其转化为二维面域对象。

命令:REGION(解释:从菜单激活命令)

选择对象:指定对角点:找到48个(解释:选择所有的对象,将封闭区域的对象转换为二维面域对象)

②在圆心绘制与XOY平面成斜角的直线,如输入"@30,0,100",如图8.20(b)所示。

③在面板【实体】上单击 拉伸,程序动态显示如下,如图8.20(c)~图8.20(e)所示。

命令:EXTRUDE(解释:面板输入命令)

当前线框密度: ISOLINES=4,闭合轮廓创建模式 = 实体(解释:当前系统设置,可修改)

选择要拉伸的对象或[模式(MO)]:MO ↙(解释:模式设置包括实体和曲面两种)

闭合轮廓创建模式[实体(SO)/曲面(SU)]〈实体〉:_SO ↙(解释:采用实体模式)

选择要拉伸的对象或[模式(MO)]:找到1个↙(解释:选择面域,完成选择)

指定拉伸的高度或[方向(D)/路径(P)/倾斜角(T)/表达式(E)]〈18.4478〉:p ↙(解释:采用路径控制)

选择拉伸路径或[倾斜角(T)]:

图8.20(e)和图8.20(f)为"SO"模式与"SU"模式的差别,执行HIDE后可观察出明显的差别,一个为体模型,一个为曲面模型。

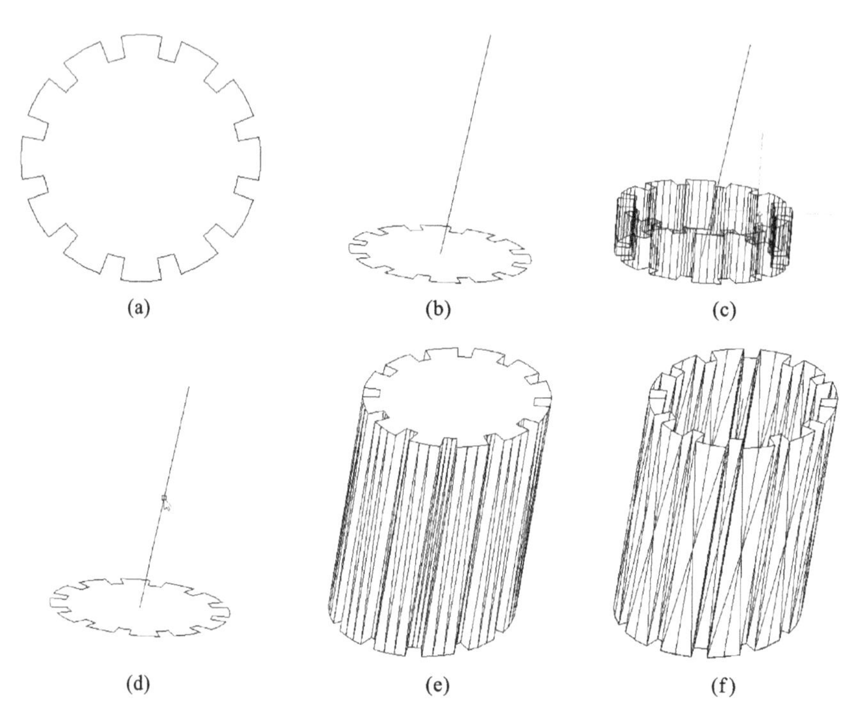


**图 8.20 通过拉伸生成对象**

(a)平面轮廓;(b)设定路径(通过自由动态观察调整);(c)程序显示变化过程;
(d)指定路径;(e)MO 设置为 SO(HIDE 模式);(f)MO 设置为 SU(HIDE 模式)

**2) 通过旋转生成实体**

REVOLVE(命令)通过绕轴扫掠对象创建三维实体或曲面。轮廓线如果是开放的,可创建曲面;轮廓线如果是闭合的,可创建实体或曲面,这是由"模式"选项控制的。

旋转路径和轮廓曲线可以是开放的或闭合的、平面的或非平面的、实体边的和曲面边的、单个对象的(多条线需使用 JOIN 命令将其转换为单个对象)和单个面域的(拉伸多个面域需首先使用 UNION 命令将其转换为单个对象)。

图 8.21(a)中左侧不规则对象需要预先生成面域,然后可绕设定直线旋转一定角度,从而生成实体或者面域,如图 8.21(b)～图 8.21(d)所示。该命令也可以绕 X 轴、Y 轴和 Z 轴旋转。

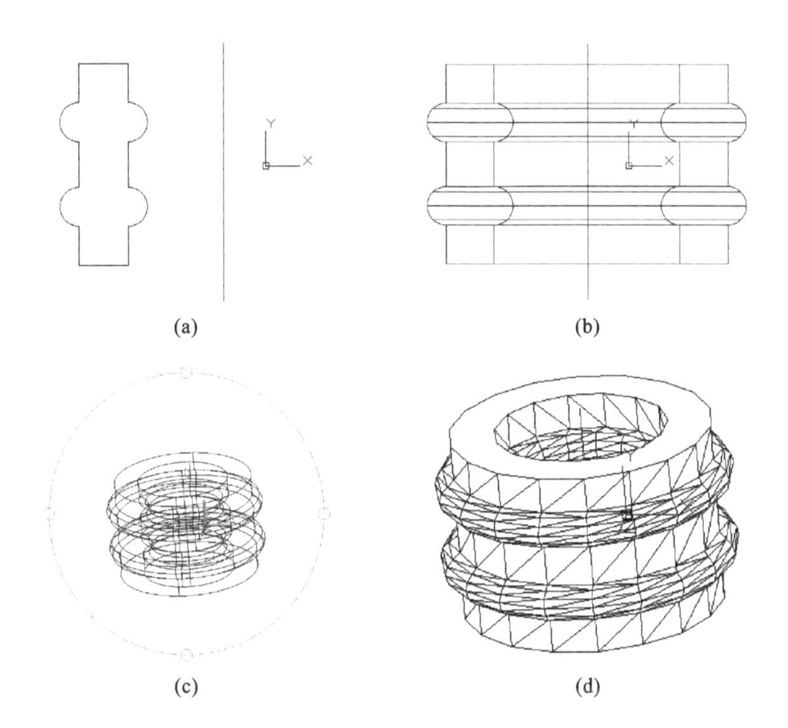


**图 8.21　通过旋转生成实体**

(a)轮廓曲线和旋转轴;(b)正投影模式;(c)采用自由动态观察模式;(d)采用 HIDE 进行显示

## 8.4.3　布尔操作

AutoCAD 软件中的 UNION、SUBTRACT 和 INTERSECT 命令可执行并集、差集和交集的操作。所谓 UNION,是将两个或多个三维实体、曲面或二维面域合并为一个复合三维实体、曲面或面域;SUBTRACT 通过从另一个对象减去一个重叠面域或三维实体来创建新对象;INTERSECT 是通过重叠实体、曲面或面域创建三维实体、曲面或二维面域。

图 8.22 所示为布尔操作示例。

## 8.4.4　实体编辑

面板【实体编辑】包括 SLICE、THCIKEN、FILLETEDGE 等命令,可以执行对实体面和体的编辑。其中,SLICE 命令可以通过剖切或分割现有对象,创建新

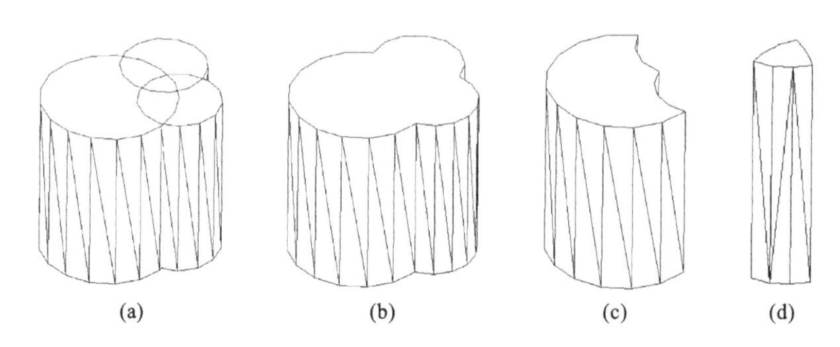


**图 8.22　布尔操作示例**

(a)3 个圆柱体；(b)UNION；(c)SUBTRACT；(d)INTERSECT

的三维实体和曲面；THCIKEN 命令是以指定的厚度将曲面转换为三维实体；FILLETEDGE 命令可以为实体对象边建立圆角。

SLICE 命令是创建三维对象使用比较频繁的命令，在诸如 ANSYS、ABAQUS 等软件中，经常出现类似的操作。用来剖切的平面可以由点指定，或者是由曲面、XOY 平面、YOZ 平面等来指定。

如果使用指定点的方式确定剖切平面，需要注意剖切平面始终与当前 UCS 的 XOY 平面垂直，首先指定用于定义剖切平面方向的两个点中的第 1 个点，然后指定第 2 个点。如果第 2 个点不位于 UCS 的 XOY 平面，将投影到该平面上。用户可选择是否要保留剖切对象的两个部分，可以保留其一，或者二者皆留。

SLICE 命令操作示例如图 8.23 所示。

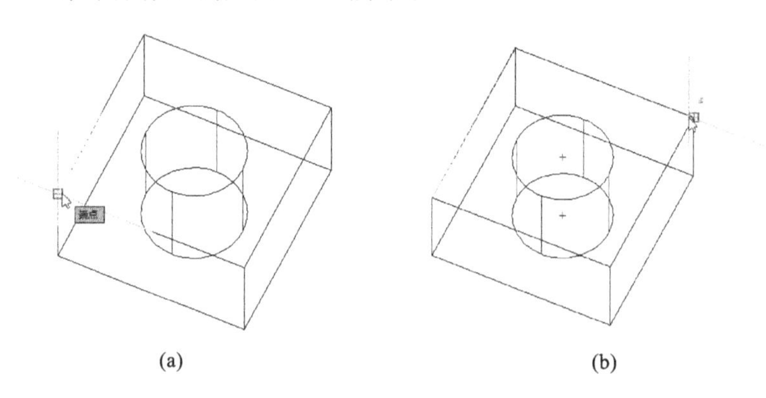


**图 8.23　SLICE 命令**

(a)选择第 1 个点；(b)选择第 2 个点；(c)选择要保留一侧的点；(d)剖切后对象

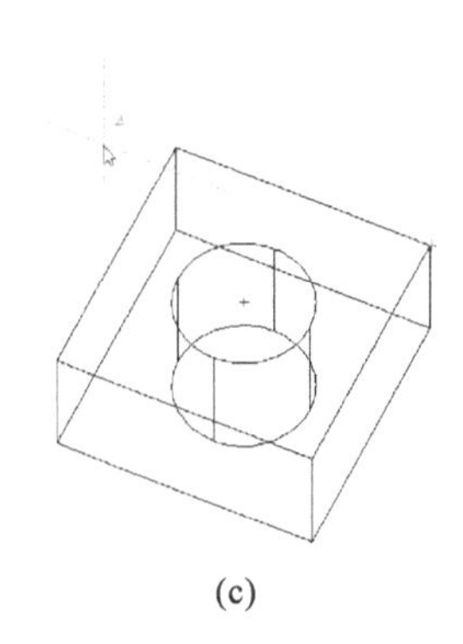
(c)

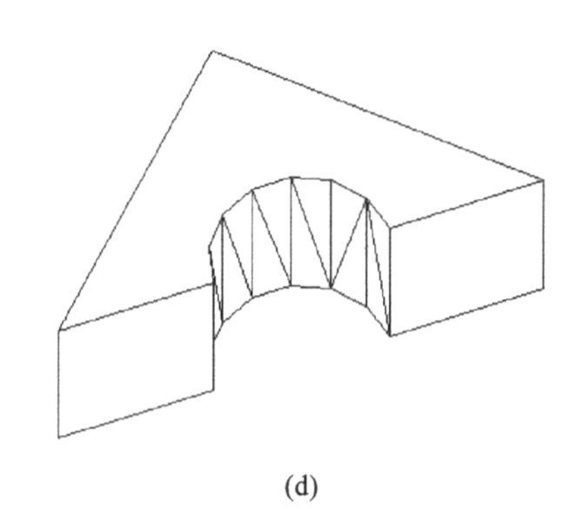
(d)

续图 8.23

# 8.5 综合练习

## 8.5.1 思考题

①何谓右手定则？

②如何创建“UCS”？

③圆弧和圆是否能够在相对于当前“UCS”的任何位置绘制？

④列出六个构造基本三维实体的命令，为什么用这些命令创建的三维实体被称为基本三维实体？

⑤做一个与“WCS”坐标平面有相对斜度的基本长方体。

⑥列出三个布尔操作。

⑦“SLICE”命令与“SECTION”命令有何不同？

## 8.5.2 上机操作

①通过变换“UCS”绘制如图 8.24 所示的图形。

操作的基本过程如下。

在下拉菜单【视图】|【三维菜单】|【西南等轴测】，使当前视图为西南等轴测。

在命令行中输入“BOX”绘制长方体。命令行中出现如下提示。

指定长方体的角点或［中心点(CE)］〈0,0,0〉:(长方体的长、宽、高分别为 100、50、80)

在命令行中输入“HIDE”命令消隐图形。

在命令行中输入“UCS”命令新建用户坐标系。

当前 UCS 名称：*世界*

输入选项

[新建(N)/移动(M)/正交(G)/上一个(P)/恢复(R)/保存(S)/删除(D)/应用(A)/?/世界(W)]

〈世界〉：n ↵ (新建坐标系)

指定新 UCS 的原点或[Z 轴(ZA)/三点(3)/对象(OB)/面(F)/视图(V)/X/Y/Z]〈0,0,0〉：3 ↵(采用 3 点方式创建坐标系，第 1 个点指定原点，第 2 个点在正“X”轴范围上指定点指定，第 3 个点在“UCS”的“XOY”平面的正“Y”轴范围上指定点)

在用户坐标系的“XOY”平面上创建文字“计算机”，如图 8.24 所示。

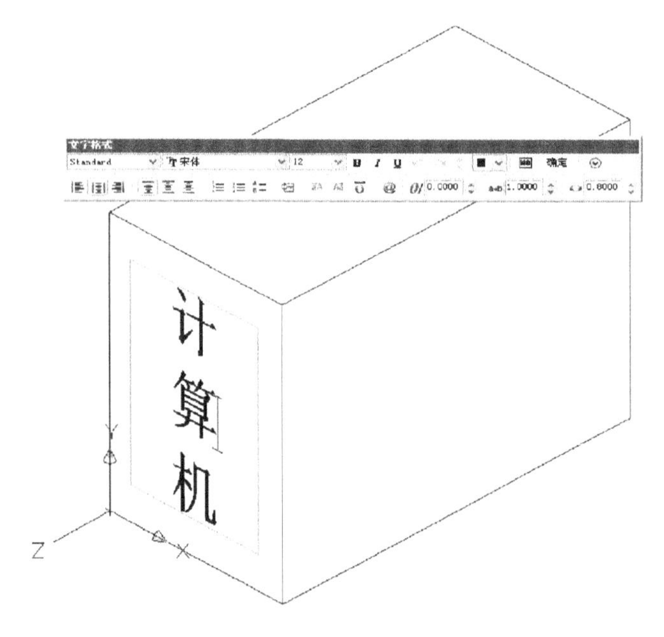


**图 8.24 三维绘图 1**

用同样的方法创建用户坐标系，如图 8.25 所示。

②绘制图 8.26 所示的建筑模型。

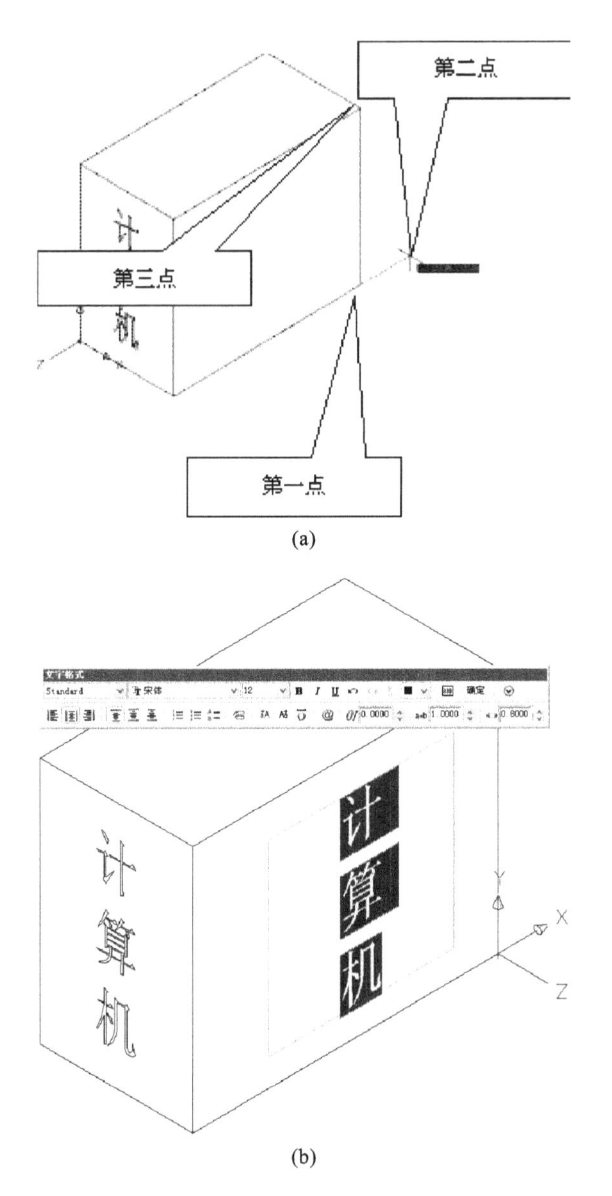


图 8.25　三维绘图 2

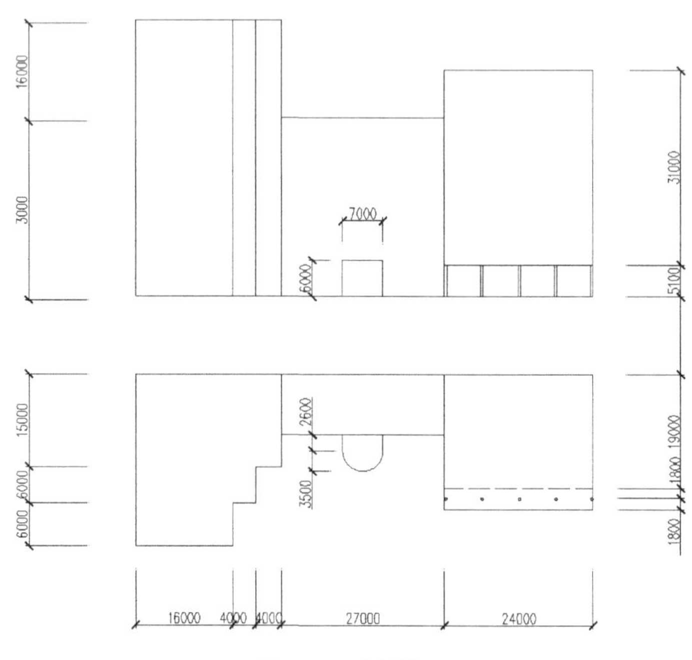
16000
3000
7000
6000
31000
5100
15000
2600
19000
6000
6000
3500
1800
1800
16000
4000
4000
27000
24000

图 8.26 建筑模型

# 参考文献

[1] 刘建荣.房屋建筑学[M]武汉:武汉工业大学出版社,2000.

[2] 中华人民共和国住房和城乡建设部.GB/T 50001—2017 房屋建筑制图统一标准[S]北京:中国建筑工业出版社,2017.

[3] 林宗凡.建筑结构原理及设计[M].北京:高等教育出版社,2002.

[4] 东南大学,同济大学,天津大学.混凝土结构·上册 混凝土结构设计原理[M].6 版.中国建筑工业出版社,2016.